中国地质大学(武汉)秭归产学研基地野外实践教学系列教材

秭归产学研基地野外实践教学教程
——自然地理与资源环境
　人文地理与城乡规划　分册

侯林春　彭红霞　编著

图书在版编目(CIP)数据

秭归产学研基地野外实践教学教程——自然地理与资源环境 人文地理与城乡规划 分册/侯林春,彭红霞编著.—武汉:中国地质大学出版社,2016.8(2018.1重印)

中国地质大学(武汉)秭归产学研基地野外实践教学系列教材

ISBN 978-7-5625-3861-5

Ⅰ.①秭…

Ⅱ.①侯…②彭…

Ⅲ.①自然地理-实习-高等学校-教材②自然资源-实习-高等学校-教材③人文地理学-实习-高等学校-教材④城乡规划-实习-高等学校-教材

Ⅳ.①P622②P642

中国版本图书馆 CIP 数据核字(2016)第 174736 号

秭归产学研基地野外实践教学教程   侯林春   彭红霞   **编著**
——自然地理与资源环境 人文地理与城乡规划 分册

责任编辑:王 荣 马 严	责任校对:代 莹
出版发行:中国地质大学出版社(武汉市洪山区鲁磨路388号)	邮政编码:430074
电 话:(027)67883511 传真:67883580	E-mail:cbb@cug.edu.cn
经 销:全国新华书店	http://www.cugp.cug.edu.cn
开本:787毫米×1092毫米 1/16	字数:205千字 印张:8
版次:2016年8月第1版	印次:2018年1月第2次印刷
印刷:湖北睿智印务有限公司	印数:1001—2000册
ISBN 978-7-5625-3861-5	定价:38.00元

如有印装质量问题请与印刷厂联系调换

序　言

中国地质大学(武汉)资源环境与城乡规划管理(自然地理与资源环境、人文地理与城乡规划)专业的秭归实践教学实习,是在学生学完基础课程和部分专业课程的基础上开展的,本次实习是安排在大学二年级暑假、为期5周的资源环境调查综合实习,同时也是本专业开展本科毕业论文生产实习前的最重要的也是比较系统的专业实习。

2013年10月,中国地质大学(武汉)区域规划与信息技术系组织全体老师到秭归实习基地进行为期5天的实践教学实习路线考察。参加考察活动的老师有张志教授、王少军副教授、彭红霞副教授、侯林春副教授、温彦平副教授、梁美艳博士、张斌博士、赵雪莲博士、刘超副教授。2014年和2015年,编者两次带本专业本科生到秭归基地参加实践教学实习,对实习路线和内容作了系统整理,最后确定了18条实践教学实习路线。

本书内容涉及地质基础、土地资源、水资源、生物资源、矿产资源、旅游资源、社会经济资源等方面。针对实习区的资源特征,全书共分九章对实习内容、路线进行描述。第一章介绍秭归产学研基地概况与实习内容和要求;第二章分析实习区的经济社会资源特征和资源禀赋;第三章和第四章是地质基础部分,内容包括黄陵岩基岩体和沉积岩地层;第五章内容是矿产资源开发与环境影响和恢复;第六章介绍旅游资源的开发;第七章分析水资源开发和水环境;第八章介绍土地资源的开发;第九章是社会和经济资源实习部分。

本书在资料的收集和整理过程中,资源环境与城乡规划管理专业的王晗、余晶、毛普、陈玉、张先毓、阳群益、李金鑫、王巧巧和仝桂杰等同学做了很多基础性工作。本书统稿由侯林春、彭红霞负责。

本书出版受到"湖北高校省级示范实习实训基地建设项目"的资助。本书能顺利出版发行,首先,编者需要特别感谢中国地质大学(武汉)副校长赖旭龙、教务处处长殷坤龙、教务处副处长吕占峰、公共管理学院院长李江风教授、副院长王占岐和张志教授在本书的撰写过程中给予的鼓励和支持。另外,需要特别感谢中国地质大学(武汉)秭归实习站站长王建胜和副站长褚喜彬,他们周到的后勤服务保证了我们实践实习的顺利进行。

编者在资料收集和实践实习过程中,受到秭归县各级领导的热情指导和帮助。领导主要有:秭归县县委党校研究员郑承志、秭归县规划管理局局长谭永虎和科长梅巅、秭归县自来水公司总经理李云、湖北秭归百丽鞋业有限责任公司副总经理鲁华、湖北秭归经济开发区管委会副主任田景源、秭归县国土资源局总工程师余祖瓒和秭归县水土保持试验站站长彭业轩等。在此表示诚挚的谢意。

在本书即将出版之际,编者遥想2007年暑假第一次到秭归实习基地,随同易顺华教授、张先进副教授、樊光明教授、李昌年教授、龙昱教授、彭松柏教授等,开展实习备课。期间,几位教授针对地质现象的各执己见和不断争论,让我印象深刻,也让我受益匪浅。此外,感谢赵温霞、谢丛娇、陈丽霞、鲍晓欢、徐亚军、汤华云、严森、肖平、李辉、王旭、张斌等老师,在和编者一起直接参与秭归野外实践教学实习时给予的指导和帮助。

本书是湖北省教育厅高等学校省级教学研究项目(三峡秭归基地地理科学类专业野外教学资源开发)(2014150)和中国地质大学(武汉)本科教学工程项目(以专题规划为主线的自然地理与资源环境本科专业应用型人才培养的体系建设)(ZL201606)的阶段性研究成果。

编者对所有为本书整理、修改、编辑和出版付出了辛勤劳动的同志们致以衷心的感谢。

由于本书涉及内容相当广泛,尽管编者长期从事地理学的实践教学和研究工作,但仍感觉编写水平有限,书中难免存在不足之处,敬请广大同行专家和读者批评指正,便于本书再次出版能够得到进一步的提高和完善。

编著者

2016年6月12日于南望山

目　　录

第一章　秭归产学研基地概况与实习内容和要求 …………………………………（1）

　　第一节　秭归产学研基地概况 ………………………………………………（1）

　　第二节　实践教学实习路线与内容体系 ……………………………………（3）

　　第三节　实践教学实习要求 …………………………………………………（6）

第二章　实习区社会经济与资源禀赋 …………………………………………（12）

　　第一节　秭归县社会经济概况与战略定位 …………………………………（12）

　　第二节　秭归县地貌特征与资源禀赋 ………………………………………（14）

第三章　黄陵岩基岩体实习 ……………………………………………………（22）

　　第一节　茅坪复式岩体 ………………………………………………………（22）

　　第二节　黄陵庙复式岩体 ……………………………………………………（31）

第四章　沉积岩地层实习 ………………………………………………………（35）

　　第一节　南华纪与震旦纪地层 ………………………………………………（35）

　　第二节　寒武纪地层 …………………………………………………………（47）

　　第三节　奥陶纪与志留纪地层和新构造运动 ………………………………（52）

第五章　矿产资源开发与环境实习 ……………………………………………（56）

　　第一节　白云岩与灰岩矿开采和环境 ………………………………………（56）

　　第二节　金矿资源开采与环境 ………………………………………………（59）

第六章　旅游资源开发实习 ……………………………………………………（64）

　　第一节　地质遗迹资源开发 …………………………………………………（64）

　　第二节　峡谷地貌景观开发 …………………………………………………（70）

　　第三节　文化旅游资源开发 …………………………………………………（74）

  第四节 工程旅游资源开发 ……………………………………………………… (79)

第七章 水资源开发实习 ……………………………………………………………… (82)

  第一节 三峡水库功能与环境 …………………………………………………… (82)

  第二节 饮用水处理工艺流程 …………………………………………………… (84)

  第三节 污水处理的工艺流程 …………………………………………………… (86)

第八章 土地资源开发实习 …………………………………………………………… (89)

  第一节 岩溶地貌与土地利用现状调查 ………………………………………… (89)

  第二节 山区农村经济状况调查 ………………………………………………… (93)

  第三节 水土流失监测与水土保持 ……………………………………………… (95)

  第四节 物流产业园与港口规划 ………………………………………………… (100)

  第五节 工业园区的建设与规划 ………………………………………………… (107)

第九章 社会与经济资源实习 ………………………………………………………… (112)

  第一节 多部门企业区位选择 …………………………………………………… (112)

  第二节 城市景观系统规划 ……………………………………………………… (115)

主要参考文献 …………………………………………………………………………………… (120)

第一章　秭归产学研基地概况与实习内容和要求

第一节　秭归产学研基地概况

中国地质大学(武汉)秭归产学研基地(简称"秭归产学研基地")位于湖北省宜昌市秭归县新县城(茅坪镇)西部边缘的丹阳路文教区,东倚秀丽的夔龙山,距县政府所在地约1km,北瞰长江三峡库区库首部分,南为县城的文教区,西为坡地与耕作区,环境幽静(图1-1)。

图1-1　中国地质大学(武汉)秭归产学研基地(侯林春,2015)

秭归产学研基地是中国地质大学(武汉)为开展野外实践教学与科研而建成的,属于国家教育部重点支持的实践教学基地。以基地为核心的长江三峡库区地质灾害研究中心是教育部直接领导下的、以地质灾害为主要研究领域的、综合性的开放平台。

秭归产学研基地总规划面积90.48亩(1亩=666.67m^2),分两期完成。一期工程以教学为主,总建筑面积21 000m^2,于2005年建成,2006年正式投入使用,包括综合楼1栋、学生公寓2栋、食堂1栋、澡堂1栋、运动场1块。二期工程以科研为主,总建筑面积30 000m^2,于2012年建成,2013年正式投入使用,包括专家楼1栋、实验楼1栋、试验场1座。

秭归产学研基地功能以保障性服务为主,主要服务于教学、科研与会务,以及餐饮、住宿、运输、实习,建有丰富齐全的教学、科研、生活、娱乐设施。

教学资源:实习区范围主要位于秭归县境内,小部分位于宜昌夷陵区三斗坪镇。秭归产学研基地实习区内,地层出露连续完整,三大岩类发育齐全,褶皱与断裂等构造现象丰富,黄陵岩体(三峡大坝坝基)与南华系莲沱组国际标准剖面闻名遐迩,新构造运动明显发育。此外,实习资源包括三峡水库选址、建设、水力资源开发、库区地质灾害等,以三峡工程为核心的"5A"级三峡截流园景区;以屈原和民俗文化为主体的"4A"级屈原故里景区;以峡谷生态旅游为特色的"4A"级三峡竹海景区;以户外漂流为主体的国家级体育基地九畹溪景区;长江经济带上连接我国华中、华东与西部的物流关键节点(三峡水库库首的翻坝物流园与港口)的建设;秭归县经济技术开发区的规划发展,新百丽公司等多部门企业的区位选择;地貌类型、土壤类型和土地利用类型复杂多样,生物多样性明显,山区地方小气候垂直分异显著,农业种植结构的垂直地带性明显。这些都成为秭归产学研基地最具特色的教学资源,能充分满足本专业的实践教学需要。

硬件条件:秭归产学研基地的后勤保障设施齐全,配备到位。硬件包括:标准化食堂1座,可提供刷卡式流水用餐、自助式用餐、宴席包间;学生公寓2栋,设有教师备课房(4人/套)及学生宿舍(6人/间),可同时供1100余人入住;三星级标准客房52间(现已投入使用44间),专家公寓套房30间;大、中、小型教室6间,多媒体教室2间,中、小型会议室2间;小型机房1间,陈列室1间,水化学实验室1间,实验大楼1栋,野外渗流试验场1座;室内活动室2间,篮球场2个,排球场1个,羽毛球场2个。

交通条件:秭归县地处宜昌市,位于湖北省西部,地处长江上游与中游结合部,是鄂西山区向江汉平原的过渡地带,素有"三峡门户""川鄂咽喉"之称,是举世闻名的三峡工程坝上库首第一县。秭归县溯流经长江三峡直通巴蜀,顺江畅达沪宁,素有"上控巴蜀、下引荆襄、南通湘粤桂、北达中原"的独特区位优势。

秭归产学研基地位于秭归县城文教区,地处长江之滨的西陵峡,与三峡大坝相连。高速公路直达县城,秭归产学研基地与武汉相距300km,与三峡机场相距50km,与宜昌火车站相距40km,与秭归港相距2km,交通十分便利(图1-2)。

图1-2 秭归产学研基地区位与交通条件(王晗 制,2016,侯林春 核)

秭归产学研基地独特的教学科研体系、齐全的硬件设施、完善的后勤服务吸引了越来越多相关院校的到来。迄今为止，秭归产学研基地接待的实习师生、科研人员、会议团队已逾万人。教学实习涉及的专业包括地理学相关专业、地质学、资源勘查、土地资源管理、石油工程、工程地质、工程勘察、环境工程、水文地质、水利水电、信息工程、行政管理、法学、艺术传媒等。部分高校已与秭归产学研基地建立长期合作关系，来开展调研和野外实习。

第二节　实践教学实习路线与内容体系

地理学是以地球表层人与自然环境相互关系为研究对象，研究地球表层自然和人类社会诸种事物的空间存在循序秩序的科学。它面对的是一个复杂的地球表层巨系统，该系统由各种自然现象和人文、社会现象组成，这就决定了地理学科是一个综合性非常强的学科。这样的学科特点使得它必须以野外工作为研究基石，无论是自然地理还是人文地理，都必须到大自然或社会实践中去。实践教学在培养地理专业人才中有着其他教学方式不可替代的特殊作用。因此，本专业的野外实习定名为区域资源环境调查实习。

2012 年教育部学科体系调整，把"资源环境与城乡规划管理"专业分为"自然地理与资源环境"和"人文地理与城乡规划"两个专业。"自然地理与资源环境"专业名称可以从两个方面来理解：自然地理模块和资源环境模块。自然地理专业课程学习是基础，资源环境的开发与规划是对自然地理知识学习的应用。自然地理是研究自然地理环境的组成、结构、功能、动态及其空间分异规律的学科，研究对象主要包括大气圈、水圈、生物圈、岩石圈。"人文地理与城乡规划"专业注重社会和经济资源的开发与规划。

地理学科所涉及的资源主要是指国土资源。按自然资源与人类社会生活和经济活动的关系，国土资源可分为 7 个方面：矿产资源、土地资源、水资源、气候资源、生物资源、旅游资源和海洋资源。另外，就人类社会生活和经济活动自身而言，也可称为社会和经济资源。相应地，环境问题是指国土资源开发所带来的环境问题，包括自然环境、人文经济环境和社会环境。

因此，秭归产学研基地野外教学内容体系应涉及到地质基础、矿产资源、土地资源、水资源、气候资源、生物资源、旅游资源、海洋资源与社会和经济资源等方面，同时也包括资源的开发与规划。

秭归产学研基地目前教学资源内容丰富，峡谷地貌多样，地质灾害典型，地层沉积序列完整，黄陵岩基岩性独特多样；三峡水库是人类对自然扰动最为特殊的景观，区域内水资源与水环境、水土流失类型、植被、土壤典型、山区农业（柑橘和茶叶）和典型文化景观、山区城镇布局等都是良好的人文地理教学内容，这些都为地理学专业野外实习提供了良好的基础。秭归产学研基地利用已有的教学资源，扩展地理学相关专业野外实习内容体系，构建人文地理综合实习内容体系、自然地理实习内容体系。在人文地理与自然地理野外实习中，学生通过绘制规划图件，使地理信息技术能得到锻炼和应用。因此，"自然地理与资源环境"和"人文地理与城乡规划"专业实践教学内容体系就围绕着资源开发与规划展开（表 1-1）。

秭归产学研基地野外实习的具体内容是根据专业培养目标、室内课程设置和实习基地的特点安排的，实习期限为 5 周，共有 18 条实习路线，包括地质学实习路线，景区规划路线，矿产资源与环境路线，水资源与水环境路线，产业园区、港口和工业园区规划路线，土地资源调查路线，土壤类型与分布路线，水土流失监测路线，农业产业与气候资源路线，多部门企业空间扩展路线等（表 1-2，图 1-3）。

表 1-1　秭归产学研基地本专业实践教学内容体系（按资源分）

资源类型	实习内容
地质基础矿产资源	黄陵岩基，岩体特征，矿物识别与岩石定名，地层沉积与展布特征，矿产资源开发与环境（金矿、白云岩矿和灰岩矿等）
旅游资源	地质旅游资源开发与规划（链子崖地质公园），峡谷地貌景区开发与规划（三峡竹海景区），三峡大坝工程景区开发与规划（三峡截流园景区），历史名人与民俗文化旅游资源开发与规划（屈原故里景区）
水资源	三峡大坝选址与规划，港口选址与规划，三峡水库，水资源开发，自来水处理和污水处理的工艺流程
土地资源	实习区土壤分类，山区水土流失调查与检测（水土检测站），土地资源利用现状调查（利用地形图和遥感图，绘制利用现状图），秭归九里工业园区规划，三峡翻坝物流产业园规划
气候资源	农业作物垂直地带分布，农业生产，柑橘产业与气候资源关系
生物资源	陆生植物，陆生动物，渔业资源
社会与经济资源	百丽多部门公司空间扩展与区位选择，工业区规划、城市景观系统规划等

表 1-2　秭归产学研基地本专业实践教学内容体系（按实习路线分）

实习路线	实习内容
1 实习踏勘	地形地貌与地质概况、地形图、地质图、矿产资源分布、人文经济状况、罗盘使用等
2 滚装码头—陈家沟	黄陵岩基的太平溪岩体、中坝岩体、兰陵溪岩体和小渔村组变质岩体的岩性识别与定名
3 堰湾—小滩头	黄陵岩基的堰湾岩体、东岳庙岩体、三斗坪岩体、青鱼背岩体和小滩头岩体的岩性识别与定名
4 九曲垴—横墩岩	南华系（莲沱组与南沱组）与震旦系（陡山沱组和灯影组）地层的观察描述与接触关系
5 横墩岩—九畹溪	寒武系（岩家河组、水井沱组、石牌组、天河板组、石龙洞组、覃家庙组、三游洞组）的岩性观察描述和相互接触关系
6 九畹溪—路口子	奥陶系、志留系的岩性观察描述与接触关系，仙女山断裂的观察与识别
7 链子崖景区	地质灾害国家公园的服务设施布置与地质遗迹资源的分类，绘制地质公园规划图，志留系、泥盆系和二叠系观察，危岩体与滑坡识别与了解
8 高家溪	莲沱组与太平溪岩体接触关系，莲沱组、南沱组、陡山沱组和灯影组母岩风化土壤层特征，土壤分类，石灰岩、白云岩矿开采与土地复垦
9 月亮包金矿	金矿赋存床条件，金矿开采工艺流程，尾矿库建设条件及其维护，土地污染调查
10 花鸡坡—雾河	岩溶地貌，土地资源利用调查（用遥感图），农作物垂直地带性分布，气候资源与柑橘农业的关系，绘制土地利用现状图
11 张家冲水土保持站	水土保持监测和实验方法，观察不同坡度和不同耕作方式的土地水土保持与监测技术；水土保持的重要性和对社会经济环境的意义
12 水环境与水资源	水资源利用开发与水环境，三峡水库的功能与意义，参观饮用水处理厂和污水处理厂，了解其处理的设备和工艺流程
13 三峡竹海景区	泗溪峡谷形成与演化过程，峡谷地貌景区开发与规划，景区服务设施配置，绘制三峡竹海景区规划图
14 屈原故里景区	民俗民风传统文化，历史名人资源的旅游开发与规划，景区服务设施配置，景区景点布局与地形地貌的关系，绘制景区规划图
15 三峡截流园景区	三峡大坝的结构与选址，三峡大坝景区开发与规划，景区内景点旅游路线，绘制三峡大坝景区规划图
16 三峡翻坝物流产业园	河流码头与翻坝物流产业园建设的地理条件、规划及其区域经济的影响，绘制产业园与码头建设规划图，移民搬迁与安置调查
17 九里工业园区	园区产业发展现状调查，工业园区规划，绘制园区土地利用现状图，参观百丽企业，了解企业文化，多部门企业的空间扩展与区位选择
18 秭归城市规划局	城市规划的地理影响因素，城市功能区划分，了解城市规划与长江的关系，城市景观系统规划，城市性质与职能

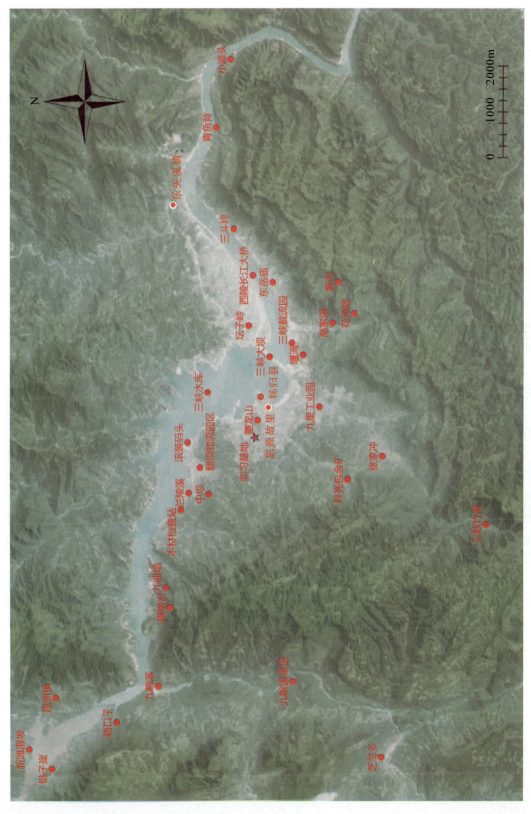

图1-3 实习区实习点展布示意图(2016)(王晗 制,侯林春 核)

第三节 实践教学实习要求

三峡秭归资源环境调查教学实习是本专业本科教学体系中极为重要的一个实践性教学环节，该实习时间为5周，实习内容包括人文经济地理、自然地理、遥感与地理信息技术和地质学基础等，也是该专业学生进入生产实习与毕业设计(论文)阶段前最重要的一个实践环节。

经过北戴河地质认识实习和两年系统的室内专业课程学习之后，学生已经基本掌握了专业基础知识。本次实习就是为了更好地促进学生掌握与理解专业知识、促进学生融会贯通专业知识。同时，本次实习也将为学生进一步有目的地了解野外实践工作、补充和完善自身知识结构、提高解决实际问题的能力等方面打下坚实的基础。本次实习还将为学生进入生产实习阶段提供良好的预备知识结构。

一、实习目的

本次实习安排在学生学完相关课程(矿物岩石学、普通地质学、地貌学、地貌景观学、人文地理学、经济学基础、经济地理学、土地资源学、地学遥感和地理信息系统等)后展开的，目的是强化学生对所学专业知识的理解和应用，培养和提高学生的专业实践能力。

本次实习是对学生两年的专业学习和专业技能训练的综合锻炼与总结，着眼于利用专业思维理解问题、分析问题和解决问题。实习内容以专业问题的认识与解决问题的方法手段为主，即以资源和环境问题为中心，锻炼学生提出问题、分析问题，并设计解决问题的方案与技术路线，实地现场调查以及在现有资料的基础上解决问题的能力。

通过实习，学生具备以下基本技能：掌握三大岩类的野外观察方法与描述内容以及地层系统的建立原则；掌握土地资源调查与制图方法；掌握野外自然资源与环境调查的方法和综合图件的绘制；掌握民俗文化景区、三峡工程景区、峡谷地貌景区、地质公园景区等的规划与制图方法；掌握工业园区与物流园区的规划与制图；掌握多部门企业区位选择的影响因素和途径；掌握港口规划与建设的基本地理条件；具备一定的资料综合分析和整理能力，能独立完成实习报告的编写，为以后的学习与工作打下坚实的基础。

地理学野外实践教学通过理论联系实际，加深学生对地理教学中基础知识和基本理论的理解和掌握，帮助学生掌握资源环境区域综合调查及开发规划的方法，培养学生野外观察问题、分析问题和解决问题的能力，培养基础扎实、知识面宽、素质高、能力强、具有科研精神和科研能力的创新人才。

二、实习阶段

1. 带教阶段

该阶段安排的教学路线，由老师带领学生，采取老师讲解、学生记录观察的方式，主要使学生掌握野外实践工作的基本技能，掌握野外三大岩类和矿物的野外观察与定名方法。同时，学生在老师的带领下，展开各类景区和开发区的规划调查与制图，了解山区农业的垂直分带性。这个阶段要求学生掌握各教学路线的教学内容，并对其进行认真、系统的总结，写出个人的体会与收获。

2. 半独立阶段

该阶段安排的教学路线,采取老师指出野外调查内容,提出相应要求,具体的调查描述由学生完成。主要培养学生的独立调查与分析能力,为后期的工作打下基础。该阶段后期安排一次室内考核,促进学生对前期的实习内容有一个全面的巩固与提高,为后期的独立制作土地资源利用现状图打下坚实的基础。

3. 独立调查阶段

该阶段安排路线 4~5 条,采取老师在调查区各个关键地点留守,学生独立完成规定范围内的土地资源利用现状调查工作,同时,老师必须随时了解学生独自工作情况,及时解决学生遇见的问题。本阶段要求学生能够针对具体专题,制订切实可行的调查研究方案,开展相关的资料收集、现场调查和资料分析工作,并做出初步的研究结论,编制相应的实习研究报告。

4. 报告编写阶段

该阶段主要由老师辅导,学生独自完成野外实习报告的编写工作。报告文字 8000~10 000字,主要图件有景区规划图、经济开发区规划图、调查数据统计分析图和地质信手剖面图、土地资源利用现状图等。报告上交后,学生就自己的研究专题参加实习队组织的答辩。

三、室内教学与讨论

为了让学生更加深入地认识资源开发与环境保护和评价的内容,了解资源开发的现状和发展方向,增强学生对专业兴趣和信心,同时为了野外教学工作的一致性和系统性,可增加部分室内教学内容(也可以在去实习前校内完成)与讨论内容。可选的内容如下。

(1)综合性研究:三峡库区(或实习区)发展背景、三峡地区资源开发与环境影响评价、资源开发的理念和策略等。

(2)专题性研究:水资源开发与环境问题、矿产资源开发与环境问题、地质遗迹分类、峡谷地貌景观开发、民俗文化旅游资源开发、三峡工程旅游资源开发、生态恢复和土地复垦、土地利用调查(结合遥感和地理信息技术)、农村经济结构、专题地图绘制等。

四、实习程序和内容

本次实习是本专业学生的最后一次野外教学实习,根据以上的实习目的与要求,院系相关人员与机构应密切配合,协调工作。自然地理与资源环境专业教学实习的内容和程序如下。

1. 实习动员与准备

通过实习动员、实习情况介绍,使学生了解实习的目的、内容、安排及要求达到的目标,从思想上和物质上做好准备。时间为一天。准备工作如下。

(1)每班按 5~6 人编成一组,选定实习小组组长。

(2)检查野外用品(野外定位仪器,如实习区域地质图、地形图、罗盘、GPS 仪等。其他需要的一些用品:地质锤、放大镜、小刀、三角板、量角器、铅笔、橡皮、稀盐酸等)、劳保装备(如水壶、防晒霜、登山鞋等)和绘图设备(如每个学生带上自己的笔记本电脑,并安装绘图软件 MapGIS,Arcview,ERDAS,ENVI,AutoCAD 等软件)等。

(3)检查罗盘,校正磁偏角,熟悉野外仪器设备的使用与日常维护。

(4)熟悉地形图和地质图,了解实习区域主要地形地物。

(5)了解野簿的记录格式。

2. 野外教学路线阶段

路线教学阶段的目的是让学生结合实际，认识、了解本专业野外实习所需的环境要素与背景、实际工作手段与方法，进而强化学生对所学专业知识的理解和应用，掌握进行专业调查研究的方法，提高学生在生产实践中观察问题、分析问题以及解决问题的能力。

1) 地质环境、地层和岩浆岩部分（区域资源环境的背景知识）

（1）岩浆岩、沉积岩与矿产资源开发。

目的：地质背景、第四纪地质演化与气候。

（2）矿区环境恢复问题。

目的：矿产资源开发带来的环境破坏，生态恢复和土地复垦的方法。

（3）水土流失、库区环境调查。

目的：柑橘农业和库区水环境问题。

2) 土地利用方式与水土流失的关系

目的：不同坡度的坡耕地的水土流失测试方法和同一坡度不同利用方式的坡耕地的水土流失。

3) 山区土地利用、农村发展和社会经济调查

（1）山区农业结构系统：柑橘、茶叶、玉米、林地、核桃等。

目的：研究山区土地承载力和社会经济发展。

（2）随着海拔高度变化，农业生产结构的变化调查。

目的：不同海拔地区土地利用的方式变化和农业垂直地带性分布特征。

（3）经济开发区和港口开发与规划。

目的：九里工业园区和多部门企业的区位选择，翻坝物流园建设与规划及港口建设的地理条件。

4) 三峡工程

目的：三峡水库、三峡工程选址和工程旅游资源开发与规划。

5) 旅游资源的开发与规划

以链子崖景区、屈原故里景区、三峡截流园景区和三峡竹海景区为例，分析旅游资源的经济开发途径和规划。

以上这些教学内容将会在教学路线过程中体现。在学生的教学路线中有机有序地结合在一起，充分体现区域资源环境的系统性和关联性，引导学生以科学的思维分析问题。

3. 独立工作阶段

设立学生独立工作区（在老师的指导下）的目的是培养学生综合运用专业知识完成工作的能力。独立工作区工作任务将紧扣专业基础知识的理解、专业技能的培养与综合专业知识的应用，并让学生有发挥和思考的余地。主要独立工作区及相对应的内容如下。

（1）土地污染调查区（月亮包金矿的尾矿库附近区域），内容包括土地污染面积测量、污染土地的开发利用模式探讨等。

（2）农村社会经济调查区（高家溪），内容包括农业种植结构、劳动力结构、经济结构等。

（3）旅游资源开发与规划（链子崖地质公园、屈原故里、三峡竹海、三峡截流园），内容包括地质遗迹调查、危岩体和滑坡成因调查、民俗文化旅游资源调查、旅游线路规划、旅游产品类型与开发、峡谷地貌景观开发和景区规划专题图的绘制等。

(4)土地利用现状调查区(高家溪),内容包括山区土地利用现状(借助遥感图和地形图)、绘制土地利用现状专题图、气候垂直分异与农业种植结构关系、土壤类型与母岩关系(包括花岗岩、碳酸盐岩、砂岩、泥岩、砾岩等)、山区植被类型等。

在独立工作阶段,学生将以小组为单位,针对具体区域与专题,制订切实可行的调查研究方案,协调工作,开展相关的资料收集和资料分析工作,并做出初步的研究结论,编制相应独立的工作研究报告。

五、报告编写与答辩阶段

报告的编写有利于学生总结取得的调查分析成果,阐述自己的观点,得出合理科学的结论,并加以提炼和升华,从而训练科学论文或报告编写的能力。

报告答辩程序注重于培养学生有重点且条理清晰地表述自己的观点和结论,培养科学的思维。同时面对评委的提问能够给予科学且清晰的反应与解释,这也是培养学生语言表述能力的一部分。学生完成独立工作区的相应任务研究后,应提交完整的报告,并以小组为单位参加报告的答辩程序。

本次实习要求每人提交一份相关报告,要求章节内容安排合理、重点突出,图件表述准确、美观,数据资料准确可靠、无虚假,分析要言之有理,依据充分,结论正确合理。

1. 编写实习报告的要求

(1)实习报告必须每人编写一份。
(2)实习报告必须结合实际,资料应来自野外观察和本人记录,部分可来自教师介绍。
(3)不应是假设和想象,也不是书本知识的复述。
(4)文字要使用专业语言,做到概念准确,使用恰当。
(5)图件要求内容正确、恰当,简洁美观。
(6)文章要求条理清楚、通顺、精炼、书写清晰。一般为8000~10 000字(包括图件)。
(7)凡抄袭他人报告者,视为不及格。
(8)一般每个小组共同进行野外和室内工作。在编写实习报告时共用资料,各自表述。
(9)如有特殊情况,可以参考其他小组的资料,但引用之处必须注明来源。

2. 实习报告编写

可以选择编写专题性的实习报告,如新构造运动(仙女山断裂)、地质旅游(链子崖景区)、工程旅游(截流园景区)、文化旅游(屈原故里景区)、水土流失(张家冲水土监测)、矿区土地复垦(白云岩灰岩矿)、峡谷旅游(三峡竹海)、山区农业经营模式(雾河村)、工业园区规划(九里)、物流产业园与港口建设的区域经济意义(银杏沱翻坝物流港)、农村社会经济特征等内容的专题实习研究报告。

也可以选择编写综合性的实习报告,我们以本专业综合实习报告的编写为例。举例如下:

第一章 前言
  第一节 实习区区域概况
  第二节 实习过程与路线
  主要内容:本次实习的目的、任务,实习过程,独立工作分工、获取第一手资料的调查活动工作量。
  第三节 实习调查的方法与步骤

主要内容：调查研究的思路、技术路线，采用的方法手段，调查工作与获得的资料情况等。

第二章　地质资源分析
　　第一节　长江南岸黄陵岩基的岩性特征
　　第二节　地层展布与地层特征
第三章　地质旅游资源开发与建设
　　第一节　链子崖地质公园景区
　　第二节　峡谷地貌生态旅游资源开发
　　第三节　岩溶景观地貌特征
　　第四节　工程旅游——三峡大坝景区
第四章　大型工程项目选址分析
　　第一节　三峡大坝选址分析
　　第二节　工业园区（九里）规划与多部门企业选址分析
　　第三节　港口选址与港口翻坝物流园规划分析
第五章　水资源与水环境分析
　　第一节　三峡水库水资源分析
　　第二节　水资源开发与水环境
　　主要内容：发电、航运、生活工业用水、灌溉等，污水处理工艺。
第六章　土地资源开发与利用
　　第一节　水土流失及其检测
　　第二节　山区土地资源利用现状
　　第三节　矿产开发与土地复垦
第七章　民俗文化旅游资源开发与规划
　　主要内容：围绕着屈原故里景区，分析历史名人屈原和民俗文化旅游资源开发的方式和途径。
第八章　结束语
　　主要内容：综述所取得的结论；对整个调查研究工作进行评价，同时指出本次工作的成功和不足，提出改进建议或者其他有启发性的意见；本次实习的感受。

六、野外实习注意事项

三峡地区是著名的旅游区，同时也有军事禁区、天然林保护区、果品生产区，为了顺利地完成教学任务，特作如下要求。

（1）根据实习地点的气候情况、环境条件和生活条件，准备必要的防护用具和药品。准备实习工具，带上相关的书籍。

（2）野外活动中要避免蛇或其他野兽的伤害，在险要地段工作要更加小心谨慎。服从安排，严格遵守纪律是确保安全的前提。

（3）实习前认真阅读有关实习教材，明确实习要求，做好必要的准备工作。

（4）实习中遵守规定和实习要求，一丝不苟，积极思考和分析实习（数据）结果。

（5）保持良好的实习秩序，小组活动时要团结互助、合理分工，每人均应全面练习。

(6)爱护国家财产,对仪器、标本、工具、实验用品等妥善使用和保管,发现损坏及时向指导教师报告。

(7)按指定时间,独立完成实习报告,野外实习总结应当力求材料真实,观点正确,有理有据,而不盲目追求表面形式。

(8)实习涉及风景区及管制区,因此应服从管理,爱护野生生物、农民的劳动果实,不得随意采摘。同时谨防野外森林火灾。

第二章 实习区社会经济与资源禀赋

第一节 秭归县社会经济概况与战略定位

秭归是三峡库区移民大县,新县城于 1992 年 12 月 26 日开工建设,1998 年 9 月 28 日正式建成,距离三峡大坝 1km,是三峡库区 13 个县市中最先整体搬迁的县城。全县耕地面积 239km^2,多以荒山林地为主,是一个典型的山区农业县。近些年,大力发展多种经济和市场农业,全县基本形成了高山烤烟和反季节蔬菜、中山茶叶和板栗、低山柑橘的农业生产基地格局,高效经济林面积达 28 万亩。农业特色资源丰富多样,盛产柑橘、茶叶、烤烟、板栗、魔芋等。脐橙、锦橙、桃叶橙和夏橙号称"峡江四秀",尤以脐橙盛名。全县脐橙种植面积已达 15 万亩,因为规模大、品质好,因此被国家农业部命名为"中国脐橙之乡",并多次获得优质水果金奖和中华名果称号。

秭归于 1994 年被国务院列为"长江经济开放区",1995 年被命名为"中国脐橙之乡",1998 年被国务院批准为对外开放县,2001 年被湖北省评为优秀旅游县,2002 年被中央精神文明建设指导委员会办公室表彰为"全国文明县城",同年获建设部颁发的"中国人居环境范例奖"。现在秭归人民正为实现"特色农业大县、精品工业强县、三峡旅游名县、库区经济富县"的目标而努力奋斗。

一、秭归县社会经济资源概况

秭归全县辖 8 镇 4 乡,分别为茅坪镇、屈原镇、归州镇、沙镇溪镇、两河口镇、郭家坝镇、杨林桥镇、九畹溪镇,以及水田坝乡、泄滩乡、磨坪乡、梅家河乡。全县目前共有 202 个村、7 个居民委员会,1182 个村民小组,43 个居民小组。

2012 年末秭归县总户数 143 807 户,总人口 381 914 人。国土面积 2427km^2。2011 年实现地区生产总值 666 904 万元,按可比价格计算(下同),比 2010 年增长 15%。其中,第一产业增加值(农业增加值)达到 150 484 万元,比 2010 年增长 4.56%;第二产业增加值达到 246 051 万元,比 2010 年增长 21%;第三产业增加值达到 270 369 万元,比 2010 年增长 15%。人均 GDP 达到 18 345 元,比 2010 年增加 3984 元,同比增长 27.7%。

2011 年,工业增加值达到 208 191 万元,比 2010 年增长 16.6%,其中规模工业增加值达到 189 874 万元,增长 18.1%。三次产业增加值占 GDP 的比重由 2010 年的 20.8∶35.35∶43.85 转变为 2011 年的 22.57∶36.90∶40.53,其中工业占国民经济的比重达到 31.22%。

2011 年,秭归县居民消费价格总指数为 105.6%,即消费价格总水平与 2010 年相比上涨 5.6%。其中食品 111.7%。商品零售价格总指数、农业生产资料价格总指数分别为 106% 和 109.9%。

第一产业:2011 年农林牧渔业现价总产值达到 236 185 万元,同比增长 33.8%。其中农业产值 100 964 万元,同比增长 36.1%;林业产值 5613 万元,同比增长 15.8%;牧业产值 83 009 万元,同比增长 40.8%;渔业产值 650 万元,同比增长 25.2%。2011 年农林牧渔业增加值达到 150 484 万元,同比增长 4.56%。

第二产业:2011 年年销售收入 2000 万元以上的规模工业企业累计创造工业总产值 612 104.2 万元,同比增长 19.92%;实现规模工业增加值 189 874 万元,同比增长 18.1%;利润总额达到 17 912.9 万元,同比增长 17.41%;税金总额 38 183.5 万元,同比增长 167.77%。年销售收入 2000 万元以上规模工业企业达到 47 家,其中 2011 年新增 8 家;新增产值过亿元企业 5 家,达到 22 家;新增税收过千万元企业 2 家,达到 5 家。秭归县工业企业新发明专利 20 件,新开发产品 500 多个,认定省级工程技术中心 2 家。2011 年建筑业增加值达到 37 860 万元,按可比价计算,比 2010 年增长 51.1%。

第三产业:2011 年社会消费品零售总额达到 221 355.3 万元,比 2010 年增长 17.8%。各行业中,批发业零售额 31 952.3 万元,增长 13.1%;零售业零售额 147 587.6 万元,增长 18.9%;住宿业零售额 22 910.5 万元,增长 15.91%;餐饮业零售额 18 904.9 万元,增长 20%。新增限额以上商贸企业 11 家,达到 45 家。2011 年实现外贸出口 2700 万美元,同比增长 16.58%。秭归县新增自营出口企业 3 家,达到 12 家。2011 年旅游接待人数 241.24 万人次,实现旅游综合营业收入 103 171 万元,分别比 2010 年增长 25.65% 和 35.74%。2011 年,秭归县完成全社会固定资产投资 446 646 万元,同比增长 43.31%,其中:城镇 500 万元以上项目完成固定资产投资 236 690 万元,增长 26.15%;房地产投资完成 32 837 万元,增长 19.26%;农村非农户固定资产投资完成 157 863 万元,增长 99.83%;农村私人投资完成 19 256 万元,增长 10%。2011 年实施投资 500 万元以上项目 242 个,其中,千万元以上项目 111 个,5000 万元以上项目 11 个,亿元以上项目 15 个。2011 年完成地域性财政收入 82 975 万元,比 2010 年增长 11.63%。其中地方一般预算收入达到 38 256 万元,比 2010 年增长 38.44%。在地方一般预算收入中各项税收达到 29 608 万元,增长 38.64%。2011 年地方财政支出达到 202 465 万元,比 2010 年增长 10.31%。2011 年 12 月末,秭归县金融机构人民币存款余额达到 702 254 万元,比年初增加 119 560 万元。

二、秭归在区域发展中的战略定位

根据《宜昌市城市总体规划(2011—2030)》,秭归县城是宜昌市的副中心之一,在长江城镇聚合带上。秭归地处湖北省西部,举世瞩目的长江三峡水利枢纽工程大坝位于新县城茅坪镇下游仅 1km。独特的区位条件和资源禀赋使得秭归县在区域发展格局中具有特殊的战略定位(图 2-1)。

1. 全国知名的屈原文化旅游名县

地处坝上库首,秭归县发挥屈原文化品牌优势,建设屈原故里国际文化旅游区,努力引领三峡库区和鄂西生态文化旅游圈的发展。加强文化与旅游的互动融合,对旅游六要素实行主题文化开发,建设一批反映屈原文化的主题村镇、主题街区、主题景区、主题景观、主题宾馆、主题餐厅、主题游船、主题商品等,延伸文化旅游产业链,形成文化旅游产业集群,打造全国知名的屈原文化旅游名县。

2. 三峡库区重要的生态经济示范基地

库区经济社会与生态环境协调发展机遇与挑战并存,转变经济发展方式,全力建设秭归县

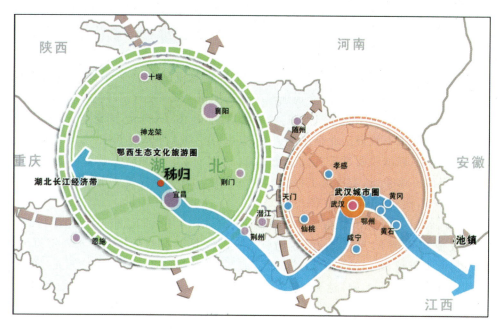

图 2-1　秭归县在湖北省发展中的战略定位（湖北省城市规划设计研究院，2015）

生态工业园区和生态农业园区，发展绿色食品加工、生物医药、现代物流、生态旅游等特色优势产业和低碳经济，增强可持续发展能力，努力把秭归县建设成国家级生态经济示范区。

3. 长江经济带中以翻坝物流为特色的区域交通枢纽

以翻坝物流为特色，统一规划 64km 长江水域岸线、8 个码头作业区，形成以茅坪翻坝港为主，以郭家坝、归州港（贾家店）为战备分流港，以屈原故里、沙镇溪、泄滩、水田坝为支流作业区的三峡枢纽坝上第一港区，把秭归港建设成为长江中上游的翻坝中转港、国际商旅服务港、三峡注册港，建成物流产业园区，形成区域性枢纽港区。

4. 鄂西生态文化圈核心区组成部分，宜昌重要的休闲度假基地

三峡工程和长江三峡是一个巨大的旅游"磁场"，以三峡大坝为龙头，通过三峡翻坝高速公路和秭归港的建设，将进一步增强秭归县与宜昌市和鄂西生态文化旅游圈的交通对接，提升旅游的可进入性和通达性，成为鄂西生态文化圈核心区组成部分，宜昌重要的休闲度假基地。

第二节　秭归县地貌特征与资源禀赋

一、地貌特征

秭归县境东起茅坪镇河口，西至磨坪乡凉风台，东西最大距离 66.1km；南起杨林桥镇向王山，北至水田坝乡懒板凳垭，南北最大距离 60.6km。长江流经巴东县入境，横贯县境中部，流长 64km，于茅坪河口出境。长江由西向东将全县分为南、北两部分，江北北高南低，江南南高北低，呈独特的长江三峡山地地貌。

秭归县位于鄂西褶皱地带，是中国地形第二阶梯向第三阶梯的过渡地带。地势西南高、东

北低，东段为黄陵背斜，西段为秭归向斜。川东褶皱与鄂西山地在此会合，境内山脉为大巴山、巫山余脉，群山相峙，多为南北走向，形成秭归县广大起伏的山岗丘陵和纵横交错的河谷地带。秭归县地势四面高、中间低，大致呈盆地地形，盆地边缘整体为西南高、东北低。

秭归整体地貌山峰耸立，河谷深切，相对高差一般在500～1300m之间。区内地貌类型主要有结晶岩组成的侵蚀构造类型，侏罗系砂页岩组成的侵蚀构造类型，古生界、中生界灰岩组成的侵蚀构造类型、侵蚀堆积类型。地貌类型按照区域分布特征如下。

（1）结晶岩组成的侵蚀构造类型：位于长江及其支流河谷及庙河以东，为低山丘陵地貌，地势低缓，海拔500m以下，山丘平缓，多为浑圆状山顶，水系呈树枝状发育，最大的河流为茅坪河。

（2）侏罗系砂页岩组成的侵蚀构造类型：位于香溪以上归州至水田坝一带，为低山区，山体海拔500～1000m，水系发育，主要河流为归州河。

（3）古生界、中生界灰岩组成的侵蚀构造类型：该类型在区内分布广泛，其地貌形态主要为高中山、低中山、中低山3种。

高中山区分布于县区内南部云台荒、香炉山一带及西北部羊角尖（海拔1749m）、东北部九岭头（海拔2024m），河谷深切，剥夷面发育，山脊线清晰，多顺构造线呈北北东向延伸。南部绿葱坡至云台荒一带海拔1800～2000m，构成了长江与其支流清江的分水岭。主要山峰有云台荒（海拔2056m）、香炉山（海拔1635m）、老观顶（海拔1721m）、凉风台（海拔1700m）、漆子山（海拔1863m）、向王山（海拔1780m）和大金坪（海拔1851m）。

低中山区的分布与高中山区接近，海拔1000～1500m，相对高差500～1000m，剥夷面发育，河谷呈"V"形，由灰岩、砂页岩组成的地段山脊线明显，水系呈树枝状，主要河流为九畹溪上游的三渡河、林家河、老林河，青干河上游的偏岩河、龟坪河。

中低山区分布秭归县中部的广大地区，海拔500～1000m，相对高差200～500m，河谷多呈槽谷型（"U"形），水系发育，县区内8条支流均分布于该地。

（4）侵蚀堆积类型：分布于长江及其支流河谷区，以侵蚀为主，堆积较少，河谷呈宽谷和峡谷相间，长江河谷地貌可分为以下主要3段。

茅坪至庙河段，低山丘陵、宽谷型、阶地发育，属于结晶岩组成的侵蚀构造类型。

庙河至香溪段，属西陵峡西段，为中低山峡谷地貌，河谷深切，呈"V"形，阶地不发育，山地海拔1000～1500m，著名的兵书宝剑峡、牛肝马肺峡位于其间。

香溪以上至牛口段，为西陵峡与巫峡的过渡带，中低山地貌，宽型谷，阶地发育。

秭归县地形坡度变化较大，河谷区、低山丘陵区和高中山剥蚀台面地形坡度较缓，一般在15°左右，面积约846km^2；15°～25°多分布于中低山区，主要分布在秭归盆地，面积约960km^2；大于25°的斜坡主要分布在长江峡谷区、中高山向中低山过渡地带，陡缓变化较大，多形成陡崖，面积约621km^2。

二、气候资源

秭归地处中纬度，属亚热带大陆性季风气候。由于北部大巴山、巫山的天然屏障作用，大大削弱南侵冷空气的势力，冬温较高。但在复杂地形地貌影响下，气候类型复杂多样，且垂直变化大。由于受地形和海拔高差影响，形成热量资源低山多而高山少；水资源南多北少，高山多、低山少；光能资源阳坡多、阴坡少的特征。

秭归年平均无霜期为260天，平均12月18日为初霜日，次年2月13日为终霜日。其中低山、河谷地区为270~310天,中高山区为240~270天,高山区多在240天以下。秭归年均降雪天数为3.9天,12月20日为初雪日,次年3月2日为终雪日。年均风速1.2m/s,多偏南风,次为偏北风。全县年均日照时数1619.6小时,夏多冬少。日平均日照时数低山区为4.4小时,中高山3.5小时,高山区4.1小时。年平均空气相对湿度72%。

秭归四季分明,雨量充沛,光照充足,气候比较温和,是湖北省著名的冬暖中心区和甜橙栽培的最适宜区。同时由于地势和海拔高差的影响,气候类型垂直变化明显。

秭归县气候属亚热带季风气候,处于中亚热带和亚热带交汇地带,受地形地貌条件的影响,形成了春早、夏温、秋迟、冬暖、秋温高于春温、春雨多于秋雨、夏季降水集中、雨热同季的气候特征。年均气温在13.1~18℃;多年平均降水量1216mm,但区域、时空分布不均,五峰湾潭等地年降雨量1800~2200mm,东北部的远安、当阳只有800~900mm。多年平均降雨量1493.2mm。降雨具连续集中的特点,雨季多暴雨,一日最大降雨量达358mm。

据统计,县内年平均气温17.9℃,一月平均6.4℃,极端最低气温-8.9℃(1977年1月30日)。7月平均气温28.9℃,极端最高气温42℃(1959年7月12日);平均气温年较差22.5℃。日均气温一般都在0℃以上。5℃以上持续期:低山区331天,中高山区267天,高山区212天。三峡工程建成后,冬季平均增温0.3~1.3℃,夏季平均降温0.9~1.2℃,气候条件更为温和。

降水的时间分布方面,秭归平均年降水量1006.8mm(根据归州站1959—1990年资料)。全县冬季(12月至次年2月)降水最少,仅占全年总雨量的6.4%,夏季(6—8月)降水最多,占全年的10.9%,春季(3—5月)降水占全年的27.2%,秋季(9—10月)降水占全年的24.5%。全年降水主要集中在下半年。汛期(5—9月)降水总量达674mm,占全年的67.3%,其余7个月降水总量只占全年的32.7%;在作物生长季节的4—10月,降水总量为843mm,占全年降水量的84.2%(气象资料均处于低山观测点归州镇)。

秭归降水量的年际差异很大,最大年降水量为1430.6mm(1963年),最小年降水量仅为733.0mm(1964年),相差697.6mm;月降水量也是如此。如8月份,月最大降水量达425.6mm(1963年),同月最小降水量仅为1.5mm(1990年),两者相差悬殊。年、月降水量的差异,致使干旱几乎可在一年内任何时段出现。同时,一年内汛期(5—10月)各月的降水量分布也不均匀,从而形成了旱涝同年的情况。一般有前涝后旱和前旱后涝两种形式,以前者居多。如1971年6月降水量比常年偏多76.3%,而7月降水量则偏少41.9%;再如1979年8月降水量比常年偏少27.2%,而9月降水量则偏多204.0%。

降雨日数与降雨量分布基本一致,大部分地区为120~159天,个别高山地区达200天以上。降雨主要集中在4—10月,月平均降雨量150~457.6mm,多暴雨,日降雨量达50~100mm的暴雨在4—10月均有发生,100mm以上的暴雨主要发生在六七月,年平均频次3~4次,150mm以上的特大暴雨频次较少,历史上曾发生过2次,即1975年8月9日最大日降雨量358.0mm;1996年7月4日最大日降雨量260.0mm(图2-2)。

降水的空间分布方面,秭归县海拔600m以下地区,夏热冬暖;600~1200m地带,温和湿润,冬冷夏凉;1200m以上地区,冬寒无夏具有典型的山区气候特征。境内山峦起伏,气候垂直变化明显。初春气温回升快,冷空气活动频繁,常有倒春寒现象;初夏气候温和,雨水适中,盛夏日均气温一般在27℃以上,常有特大暴雨、洪涝出现,夏末湿度减小,炎热少雨,常有伏秋连旱出现;秋季冷暖气团活动频繁,常出现阴雨连绵天气;冬季气候比较暖和,少雷雨。县内气

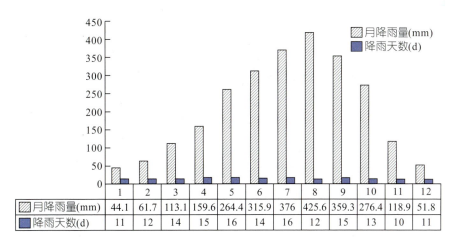

图 2-2　秭归县降雨日数与降雨量分布（马传明，周建伟，2015）

候分低山河谷温热区、中高山温暖区、江南南部温湿区、江北东部温凉区，分别占秭归县总面积的 20.9%、56.1%、16.4%、6.6%。

秭归县年总降水量为 950～1900mm，其地域分布自北向南、由低向高逐渐增大。从图 2-3 中可见，该县区内降水受地形影响较大，降水量随海拔高度增加而增大，而海拔 900m 以下降水量明显低于海拔 1100m 以上的地区。海拔 100m 以下平均年降水量 947.6mm，800m 以上 1143.4mm，1500m 以上 1865.2mm，1800m 以上 1904.3mm。

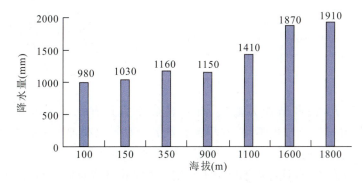

图 2-3　秭归县不同海拔高度年平均降水量分布（程品运，2002）

该县西南部降水量 1600mm 以上，西北部高山降水量为 1100mm 左右，西部的长江沿线降水量小于 1000mm，而东部茅坪为 1400mm 左右。

将秭归低山区与高山区相比较，低山区降雨量相对偏少，温度较高，蒸发量较大，因此低山区容易致旱。高山地区降雨量偏多，加之湿度过大，气温较低，农业收成反而较好，但又因蓄、引水条件差，若遇大旱之年，常造成人畜饮水困难。如 1990 年大旱，低山农业减产 5 成以上，高山仅减产 1～3 成。秭归旱灾多发，有"十年九旱"之称。秭归干旱有西部重于东部，北部重于南部，低山、中高山重于高山的地域分布特点，重旱区集中在秭归西部沿江河谷地区。

三、水资源

秭归县年平均径流量 $1.837×10^9 m^3$（表2-1）。县内共有水库20座，其中小（Ⅰ）型4座，小（Ⅱ）型16座，承雨面积 $138.65 km^2$，总库容 $3.83986×10^7 m^3$，有效库容 $2.70447×10^7 m^3$，灌溉面积 $2000 hm^2$（$1hm^2=0.01km^2$）。县内地下水蕴藏量 $4.89×10^8 m^3$。在水能资源利用方面，现已开发建设水电站109座，装机容量 $8.52×10^4 kW$。

表2-1 秭归县水系概况（马传明，周建伟，2015）

河流名称	全长(km)	流域面积(km^2)	均流量(m^3/s)	最大流量(m^3/s)	最小流量(m^3/s)	平均径流($×10^8 m^3$)	总落差(m)	备注
茅坪河	23.9	113	2.47			0.78	277	位于东南部，主要支流有芭蕉溪、大溪、清坪溪、四溪
九畹溪	42.3	514.5	17.5	7000	2.5	5.41	1073	位于东南部，由三渡河、林家河、老林河、九畹溪4个河段组成
龙马溪	10	509	1.11			0.35	980	位于东北部
香溪河	33	212	47.4	3000	14			位于北东部，发源于神农架，自游家河流入境内
童庄河	36.6	248	6.36	1000	2	2.08	1410	位于南部，发源于云台荒，依河段为仓坪河、平睦河、童庄河
吒溪河	52.4	193.7	8.34			2.63	1205	位于北部，依河段为南阳河、台河、袁水河
青干河	53.9	532.34	19.06	2350	1.8	6.01	873	发源于巴东绿葱坡，由西南向东北流经两河口、沙镇溪镇，沿途汇纳磨坪乡龟坪河、梅家河乡梅家河、两河口镇锣鼓洞河3条支流
泄滩河	17.6	88	1.93			0.61	1120	位于西北部

水资源总量虽大，但调节能力偏低，有效调节能力只有 $9.8×10^8 m^3$，占径流总量的7.45%；水资源地域时空分布也不均，水旱灾害频繁。秭归县年平均径流深度为821.5mm。汛期4—9月占径流总量的70%～80%；年际丰枯水资源量相差2.6～5.2倍，经常出现连丰连枯的现象；地域分布不均，且与耕地组合不平衡。西部山区水资源丰富，耕地面积少，东部平原丘陵区耕地面积多，水资源量较少。

秭归县属长江流域，境内河流多为长江一级支流，另有部分为长江支流——清江的支流。长江为县内主要河流，由巴东县破水峡入境，于茅坪河口出境，流经64km，这构成了秭归县最大的水库（三峡水库），三斗坪坝址长江多年平均流量为 $4.51×10^{11} m^3$。

秭归县水利资源优势明显，长江横贯东西64km，135条溪河汇成8条水系注入长江，形成以长江为主干的"蜈蚣"状水系。8条水系为青干河、童庄河、九畹溪、茅坪河、龙马溪、香溪河、吒溪河及泄滩河，流域面积 $2410.54 km^2$（表2-1）。

四、矿产资源

至2010年，勘探、开采矿产资源有煤、金、铁、锰、铜、铅、锌、重晶石、磷、石膏、硅石、硫铁矿、石灰岩、白云岩、大理石、石英岩、高岭土、方解石、长石和地热等20余种。

(1) 煤。地质储量 $4.5058×10^7$ t，累计开采 $4.86×10^6$ t。煤碳质量属于低质煤，发热量在 $1.256×10^7 \sim 2.303×10^7$ J 之间，含硫量在 $0.2\% \sim 2.5\%$ 之间。

(2) 黄金。累计探明储量 3822.85kg，累计开采量为 1962.85kg。

(3) 硅石。硅石在县内分布较广，现已探明储量 $5.1×10^5$ t。

(4) 饰面用灰岩。现已经探明储量 $4.09718×10^7$ t。另有水泥用灰岩、石膏、铁矿、铜矿、砖瓦用页岩、高岭土、重晶石矿，储量都比较丰富（表 2-2）。

表 2-2　宜昌市各地质时代地层赋存的主要矿产①

地层	赋存矿产
第四系	砂金、砂、砾石、黏土矿、黄土
第三系（古近系＋新近系）	石料、矿泉水
白垩系	石膏、玻璃砂岩、矿泉水
侏罗系	煤
三叠系	煤、石灰岩
二叠系	煤、铜、硒、石灰岩、高岭土、石煤、硫铁矿
石炭系	重晶石、石灰岩、白云岩
泥盆系	石英岩、赤铁矿、菱铁矿
志留系	页岩
奥陶系	锰、石灰岩、白云岩、重晶石
寒武系	钒、石煤、石灰岩、白云岩
震旦系	磷、锰、汞、银、钒、含钾页岩、石灰岩、白云岩、脉石英、铬、金、橄榄岩、蛇纹岩
新太古界—古元古界	金、石墨、刚玉、水晶、硫铁矿、石材、石榴石

秭归境内的矿种虽然较多，但形成工业矿床可以大规模开采的矿种较少。多年的地质普查与矿产勘查表明，目前境区内仅有大型矿床 1 处（怀抱石重晶石矿床）和中型矿床 3 处（石鼓池赤铁矿床、攀家湾赤铁矿床和拐子沟金矿床），其余均为小型矿床。

秭归县的煤是分布最广泛的矿种，主要的煤矿区有梅子坡煤矿区、殷家坡煤矿区、石槽溪煤矿区、野狼坪煤矿区、泄滩煤矿区、黄洋畔煤矿区、白云山煤矿区、郭家坝煤矿区、白沙煤矿区、盐关煤矿区、皮老荒煤矿区、新滩煤矿区、周坪煤矿区、杨林煤矿区。

金矿的分布仅局限于茅坪镇，目前已探明的金矿区主要有 3 个，即红岩尖-拐子沟-陈家坝金矿区、徐家冲-井水垭金矿区、兰陵溪金矿区。除拐子沟金矿属中型矿床外，其余均为矿点。

茅坪镇、屈原镇、郭家坝镇、周坪乡、磨坪乡、杨林桥镇都分布有大量石灰岩，已探明工业储量的石灰岩矿床为马槽背石灰岩矿床和卡马石灰岩矿床。

赤铁矿产地 10 处，其中中型矿床 2 处，小型矿床 3 处，矿点 5 处，均赋存于上泥盆统黄家澄组和写经寺组中。

锰矿已知有羊角岭矿点 1 处，主要矿物为软锰矿，角砾状结构。铜矿有沈家包铜矿点和兰

---

① 湖北省区域地质测量队.1：20 万宜昌、长阳、五峰、钟祥、巴东、神龙架、沙市、南漳幅地质图、矿产图及说明书，1986；湖南省区域地质测量队.1：20 万桑植幅矿产图及说明书，1966。

陵溪铜矿点2处。锌矿矿点1处,位于杉木溪。

铅锌矿有五指山铅锌矿矿点和沙镇溪关口铅锌矿矿点2处。

重晶石仅有怀抱石重晶石矿床1处。

磷块石仅有野猫面磷块岩矿床1处,位于庙河北面,毗邻长江。

石膏矿已知矿点有杨家湾石膏矿点和戴家湾石膏矿点2处。

地热资源已知有庙垭温泉点1处。

硅石在全县各地均有分布,资源量极其丰富。

五、土地资源

秭归县总面积2274km²,其中高山区为728.1km²,占30%,中高山区为1332.4km²,占54.9%,低山区为66.5km²,占15.1%。整体呈"八山半水一分半田"的格局。

根据《秭归县土地利用总体规划(2006—2020年)》和土地变更调查资料(2013年)。农用地面积20.87万hm²,占92%。其中,耕地2.95万hm²,占土地总面积的12.96%;园地2.41万hm²,占10.61%;林地14.87万hm²,占65.41%;牧草地0.06万hm²,占0.26%;其他农用地0.64万hm²,占2.82%。城镇村及工矿用地0.77万hm²,占3.37%;交通水利建设用地0.77万hm²,占3.77%;水域和自然保留地1.04万hm²,占4.55%。耕地复种指数为231%。利用类型复杂多样,且分布不均匀。以农用地为主,且林地所占比重较大。

秭归县人均拥有耕地0.08hm²,人均拥有土地少,耕地更少。在耕地中,旱地面积1.75万hm²,旱地的比重高达82.62%。

根据秭归县2004年统计资料,秭归县耕地面积为21 152.92hm²,占全县国土面积的9.31%,其中水田为3675.91hm²,占耕地总面积的17%;旱地为17 476.99hm²,占耕地总面积的83%(表2-3)。

表2-3 秭归土地利用状况统计

类型	面积(hm²)	百分比(%)
水田	3675.91	17
旱地	17 476.99	83
总计	21 152.92	100

秭归县耕地总面积为21 152.92hm²,其中一等地3074.74hm²,占总耕地面积的15%,二等地4287.87hm²,占总耕地面积的20%,三等地5298hm²,占总耕地面积的25%,四等地2136.22hm²,占总耕地面积的10%,五等地3116.63hm²,占总面积的15%,六等地3239.09hm²,占总面积的15%(表2-4)。

表2-4 秭归耕地地力等级统计

等级	一等地	二等地	三等地	四等地	五等地	六等地
面积(hm²)	3074.74	4287.87	5298.37	2136.22	3116.63	3239.09
百分比(%)	15	20	25	10	15	15

六、旅游资源

实习区旅游景区有：屈原故里文化旅游区、九畹溪漂流风景区、三峡竹海生态景区、三峡国家地质公园——链子崖景区和三峡截流园景区。

屈原故里文化旅游区：位于秭归县新县城，是国家重点文物保护区，毗邻三峡大坝且直线距离为600m，占地面积约500亩。景区是以屈原祠、江渎庙为代表的24处峡江地面文物集中搬迁于此，2006年5月被国务院公布为第六批全国重点文物保护单位。

九畹溪漂流风景区：位于长江三峡西陵峡南岸，距三峡大坝20km，总面积60km²，是以探险为特色，兼具自然和人文景观的现代生态型旅游区，以漂流为主打的旅游产品，被誉为"中华第一漂"。

三峡竹海生态景区：位于秭归县茅坪镇境内，地处长江南岸，距长江三峡大坝坝址和秭归县城12km，以大溪等4条溪流而得名。景区沿大溪水系呈树枝状分布，南北长9km，东西宽1km，中心区域面积9km²，控制区域20km²。景区以山、树、洞、竹、水、瀑见长，被誉为"三峡地区的天然氧吧"。

三峡链子崖景区：属于国家AAA级旅游景区，位于秭归县屈原镇的长江西陵峡南岸，屹立于兵书宝剑峡和牛肝马肺峡之间，因"链子锁崖"而得名，景区景点有归乡寺、放生池、瓦岗寨、招魂台、巫傩寨等景点。

三峡截流园景区（属于长江三峡总公司）：位于三峡大坝右岸下游800m处，占地面积0.93km²。景区分入口区、演艺眺望区、遗址展示区和游乐休憩区4个区域，由截流记事墙、演艺广场、亲水平台、幻影成像、大型机械展示场、攀爬四面体、平抛船等十几个景观组成。

七、生物资源[①]

宜昌市适宜的气候、优质的土壤，为红色大鲵等各种动植物生长提供了良好的环境。林业、特产是宜昌的一大优势资源。全市林、果、药品种类有766种。从峡谷到山顶有常绿阔叶林、阔叶混交林、针叶林；河谷地带有热带的棕树、樟树和亚热带的柑橘、茶树等林木，在丘陵和低山地区有松、柏、杉、桑、乌桕、油桐、核桃、柿子、冷杉、金钱树、领春木、银雀、银杏、连香、珙桐等珍贵树木。全市宜林山地约1885万亩，有林地1200万亩，活立木蓄积量$2.4 \times 10^7 m^3$，森林覆盖率48%，居湖北省第三位。在五峰后河、长阳乐园、兴山后坪、宜昌大老岭等地至今还保存有第四纪冰川期遗存下来的森林群落37万多亩。生长有陆地脊椎动物363种；高等植物3000多种，其中稀有珍贵树木47种。宜昌是著名的柑橘产区，有12个优良品种，其中脐橙、锦橙、蜜橘饮誉海外。茶叶资源丰富，产量居湖北省第一位，有优良茶叶27种，其中传统的"宜红茶"驰名中外，新开发的"春眉"发茶在1992年4月香港国际博览会上获金牌奖，"峡州碧峰""珍眉"等珍品在全国广受好评。宜昌盛产药材，各种中药材有309种。草类植物繁茂，牧草有249种，可利用草场993万亩，占全市总面积的10%，国家农业部投资在宜昌境内建立三片南方草地畜牧业基地。

[①] 资料源于：http://yc.cnhubei.com/html/yichanggaikuang/20111125-5074.html（荆楚网宜昌）。

第三章 黄陵岩基岩体实习

第一节 茅坪复式岩体

路线 基地→东岳庙方向岔路→坝区围墙0150光缆处→三峡翻坝码头产业物流园→中坝村→兰陵溪→木材检查站→基地。

任务
(1)东岳庙岩体的岩性观察、描述及命名。
(2)堰湾岩体的岩性观察、描述及命名。
(3)太平溪岩体的岩性观察、描述及命名。
(4)中坝岩体的岩性观察、描述及命名。
(5)兰陵溪岩体的岩性观察、描述及命名。
(6)兰陵溪岩体与小渔村组变质岩的接触关系的观察及描述。

知识链接

1. 黄陵岩基与黄陵背斜

1)黄陵岩基

黄陵花岗岩基位于扬子地台北缘,它连同汉南和鲤鱼寨岩基一起构成扬子地台北缘的低钾花岗岩带,形成于晋宁晚期扬子地台北侧的"秦岭洋壳"向南俯冲导致的大陆边缘造山运动过程中。

黄陵花岗岩基可解体为三斗坪、黄陵庙、大老岭、晓峰4个岩套和14个单元,侵位于832～750Ma之间。三斗坪和黄陵庙两个岩套主要由英云闪长岩、奥长花岗岩、花岗闪长岩组成,是在近南北向区域挤压下于约16km深部塑性域定位的同构造花岗岩,前者主要依靠岩浆在构造弱面逐次强力楔入创造定位空间,后者主要在处于活动状态的韧性拉张剪切带内定位。钙碱性系列的大老岭和晓峰岩套则是在本区地壳迅速隆起过程中分别在5km和1.5km深度的脆性域定位的构造晚期花岗岩。

根据岩石化学和同位素组成推断,三斗坪岩基的源岩主要是新太古代大陆拉斑玄武岩,母岩浆相当于英安质,岩基内的成分变化主要受角闪石分离结晶作用控制;黄陵庙岩基除受分离结晶作用影响外,成分变化主要与英安质母岩浆和某种长英质岩浆的混合有关;大老岭岩基的源岩亦为前寒武纪火山岩。

2)黄陵背斜

黄陵背斜位居鄂黔台褶皱带与四川台向斜(故称四川、现称渝东)分界过渡部位,又位于新华夏第三隆起带与淮阳山字型西翼反射弧脊柱复合部位,总体呈南北走向卵形产出。黄陵背斜轴向为NE15°,南北长约73km,东西宽约36km,具有地台型双层结构和后地台型上叠构造层特征,并以明显的区域角度不整合与下伏崆岭群分界。核部由古元古代变质岩系及基性、超基性、中酸性侵入体组成,翼部主要由震旦纪—三叠纪碳酸盐岩和碎屑岩构成,厚达6000余米,为一套未遭受变质作用的整合与平行不整合岩层,围绕核部向四周呈向外倾斜状产出。东翼岩层产状平缓,倾角一般在15°以下,西翼倾角较陡,倾角通常30°～40°,局部直立甚至倒转,南部、北部倾没端产状更为平缓,倾角大都小于12°。东翼、西翼均可见次级褶皱发育现象。雏形于印支期出现,定型于燕山运动时期。黄陵背斜实际上为一个轴面向东倾斜,长短轴比为2:1的复式短轴斜歪背斜或穹隆构造。由于在该背斜的周边同时发育有较多断裂构造,因此,习惯上又称黄陵背斜为黄陵"断穹"。

本专业野外实习的实习区在黄陵岩基周围。长江穿过黄陵岩基的南部,沿着长江从上游到下游依次为茅坪复式岩体和黄陵庙复式岩体。茅坪复式岩体依次包括兰陵溪岩体、中坝岩体、太平溪岩体、堰湾岩体和东岳庙岩体;黄陵庙复式岩体依次包括三斗坪岩体、青鱼背岩体和小滩头岩体(表3-1)。

表 3-1 长江沿岸黄陵岩基的岩体与岩性

复式岩体	岩体	岩性
黄陵庙复式岩体	小滩头岩体	灰色斑状二云母正长花岗岩
黄陵庙复式岩体	青鱼背岩体	肉红色中粒白云母二长花岗岩
黄陵庙复式岩体	三斗坪岩体	灰色中粒黑云母花岗闪长岩
茅坪复式岩体	东岳庙岩体	灰色中细粒黑云斜长花岗岩
茅坪复式岩体	堰湾岩体	灰白色粗粒黑云母英云闪长岩
茅坪复式岩体	太平溪岩体	深灰色中粗粒黑云角闪英云闪长岩
茅坪复式岩体	中坝岩体	灰色中细粒黑云母石英闪长岩
茅坪复式岩体	兰陵溪岩体	灰黑色中细粒黑云角闪石英闪长岩

2. 岩石命名

岩石的分类是依据成分、结构、构造等显著特征进行的。由于侵入岩结晶较充分,肉眼可以识别矿物颗粒,因而其分类主要考虑矿物含量,这种分类称为定量矿物分类。

图3-1是国际地质科学联合会推荐的花岗质岩石的定量矿物分类,以石英(Q)、碱性长石(A)和斜长石(P)含量对岩石进行划分,关键是对石英、斜长石和碱性长石进行正确鉴定并估计其含量,换算成百分含量后在QAP图上投点确定名称。岩石中的暗色矿物(如黑云母、白云母、角闪石、辉石)可作为前缀参加命名,如黑云角闪花岗闪长岩。此外,岩石命名还可以考虑该岩石显著的结构构造特征,如斑状花岗岩(具有似斑状结构)、花岗斑岩(具有斑状结构)、片麻状花岗闪长岩(具有片麻状构造)等。

在花岗质岩石分类中,石英(Q)是最重要的矿物,决定岩石的大类,花岗岩类(酸性)岩石的 $Q>20\%$,闪长岩类(中性)岩石的 $Q<5\%$,其余则属于花岗岩类与闪长岩类的过渡类型,成为石英闪长岩类。碱性长石(A)与斜长石(P)的比例是进一步划分的依据。其中,在花岗质侵入岩中,碱性长石包括钾长石和钠长石(指含钙长石分子 $An<5\%$ 的斜长石),钾长石又包括正长石和微斜长石。由于在野外正确鉴定不同的长石比较困难,因而在野外可以用"花岗岩""闪长岩""石英闪长岩"等大类名称初步命名。

石英含量对侵入岩的命名至关重要。在野外识别石英含量时,当用肉眼一眼就看出岩石

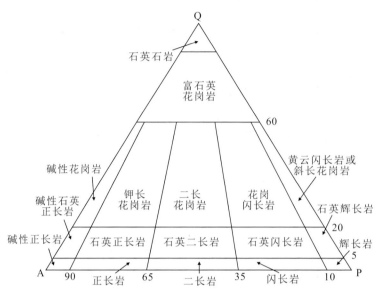

图 3-1　花岗岩类岩石 QAP 分类三角图
Q:石英;P:斜长石;A:钾长石＋钠长石(An＜5%)

中有石英,这时岩石中石英含量一般大于 20%;当用肉眼在岩石中难以找到石英,需要借助放大镜才能找到石英,这时岩石中石英含量一般大于 5%;当用放大镜在岩石中也难以找到石英,这时岩石的石英含量一般小于 5%。

3. 野外岩浆岩的岩石识别与命名

在野外识别岩浆岩时,首先要区分是侵入岩或喷出岩,为此应全面考虑岩石的产出状态、结构和构造特征。特别应考虑岩石的宏观特点。如果岩石与围岩为侵入关系且岩体的边缘有围岩的捕虏体存在,可以判断为侵入岩。如果岩石为层状,有气孔构造及流动构造,则是喷出岩。

在区分了喷出岩或侵入岩的基础上,进一步着手定名。这时应先观察岩石的颜色。颜色的深浅取决于暗色矿物在岩石中的百分含量,即色率。超基性岩色率大于 75,基性岩色率为 35~75,它们的颜色为黑色、灰黑色及灰绿色。酸性岩色率小于 20,颜色为淡灰色、灰白色、淡黄色、肉红色。中性岩色率为 35~20,色调介于前两者之间。

在判断色率的基础上再进一步鉴定矿物。浅色矿物中长石为玻璃光泽,有良好的解理,石英断口为油脂光泽,透明度高,无解理,两者易于区别。斜长石和钾长石的区别是前者的解理面上有平行而紧密排列的细纹(即双晶纹),钾长石没有细密的双晶纹。如果两种长石同时存在,白色者常为斜长石,肉红色者为钾长石。

深色矿物中橄榄石一般不与石英共生,如果有大量石英存在,即可以排除有橄榄石的可能。辉石和角闪石都是暗色柱状矿物,应根据其横切面形状及其解理的交角大小加以鉴别,这点在野外难为做到。这时,利用矿物共生的规律是有帮助的。如果岩石中斜长石为主,并且石英很少,岩石色率高,则该柱状矿物多为辉石,否则,为角闪石。黑云母为六边形的横切面,常为片状,棕黑色,易于识别。知道了矿物组成以后,再进一步判别岩石的结构。如花岗岩和花岗斑岩的区别不在于矿物组成,而在于前者是显晶质,等粒结构,后者为斑状结构。闪长岩和闪长玢岩的区别与此类似(一般将斑晶由钾长石和石英组成者成为斑岩,将斑晶由斜长石组成者称为玢岩)。

喷出岩中基质的矿物成分难以识别,可根据斑晶的矿物成分并结合岩石的颜色定名。如斑晶为石英、钾长石、黑云母、岩石颜色浅,属酸性岩类(流纹岩)。如斑晶为斜长石、角闪石,岩石颜色暗,属中性岩类(安山岩),如岩石为黑色,则可能为玄武岩。

4. 侵入作用

深部岩浆向上运移,侵入周围岩石而未到达地表,称为侵入作用。岩浆在侵入过程中变冷、结晶而形成的岩石叫作侵入岩。侵入岩是被周围岩石封闭起来的三度空间的实体,故称侵入体。包围侵入体的原有岩石称围岩。

侵入体形成的深度不一。形成深度在地表以下 5～20km,称为深成侵入体,其规模较大;形成深度小于 5km,称为浅成侵入体,其规模较小。由于地壳隆起,上覆岩石被风化、剥蚀,侵入体便暴露于地表。岩浆是高温物质,围岩是低温物质,在侵入过程中岩浆与围岩之间必然要发生许多变化。

5. 火成岩的结构

火成岩的结构按照矿物晶粒的大小可以分为粗粒(粒径＞5mm)、中粒(粒径 1～5mm),细粒(粒径 0.1～1mm)。这些结构用肉眼均可加以识别,统称为显晶质结构;晶粒细小用肉眼难以识别者,称为隐晶质结构。按矿物颗粒大小可分为等粒结构(矿物颗粒大小相等)及不等粒结构(矿物颗粒大小不等)。在不等粒结构中,如两类颗粒的大小悬殊,其中粗大者称为斑晶,其晶形常较完整;细小者称为基质,其晶形常不规则。如基质为显晶质,且基质的成分与斑晶的成分相同者,称为似斑状结构。如果基质为隐晶质或非晶质,称为斑状结构。

6. 混合岩化作用

混合岩化作用形成于地壳较深部位,由浅色硅铝质和暗色铁镁质岩两部分组成。矿物组成和结构、构造常不均匀。混合岩化作用较弱的混合岩,明显分出脉体和基体两部分。前者是由于注入、交代或重熔作用而形成的新生物质;后者基本代表原来变质岩的成分,条带状构造明显。随着混合岩化作用增强,浅成体与古成体的界线逐渐消失,形成类似硅铝质岩石的混合岩。

7. 析离体

析离体又称异离体。在岩浆结晶过程中,有一部分早期结晶矿物相对集中,呈团块状或条带状分布在岩体中,其边缘界线有时不清,逐渐消失。析离体因受岩浆流动影响常与流动方向平行,呈定向排列。

8. 包体

包体是包含于火成岩中的成分、形态、大小及成因各异的其他岩石、矿物集合体、单矿物晶体等。如花岗质岩石(即变形变质花岗岩)中包体,从其来源与花岗质岩石之间的关系,可划分为同源包体(残渣、残留体)、异源包体(捕房体)等。

No. 01　东岳庙岩体

任务　东岳庙岩体的岩性观察、描述及命名。

点位　东岳庙方向岔路口。

GPS 111°02′34.30″E,30°49′05.65″N;$H=105m$。

点义 茅坪复式岩体(超单元)中的东岳庙岩体(单元)($\Gamma o^D Pt_3$)岩性观察点。

描述 东岳庙岩体中暗色矿物明显减少,与堰湾岩体中大片黑云母相比,此处黑云母明显变少且结晶片度也变小,角闪石与辉石也变少,石英明显增多;斜长石含量虽多于石英,但与堰湾岩体中的斜长石含量相比,也变少。并且在肉眼观察的新鲜剖面中,发现了浅绿色矿物,应为长石的绿帘石化。此处岩体为整个观察岩体中最细粒的岩体,结晶粒度小,暗色矿物含量最少,且暗色矿物有定向排列即流面构造、似片麻状构造。岩体中矿物含量估计:石英含量大于25%,斜长石含量大于65%,黑云母含量小于5%,角闪石含量小于5%(图3-2)。

命名 浅灰色细粒碱性长石花岗岩。

图3-2 东岳庙岩体(岩性:浅灰色细粒碱性长石花岗岩)(侯林春,2015)

No.02 堰湾岩体

任务 堰湾岩体的岩性观察描述及命名。

点位 坝区围墙外的0150光缆处。

GPS 111°01′20.94″E,30°48′47.88″N;$H=101m$。

点义 坪复式岩体(超单元)中的堰湾岩体(单元)($\delta\beta o^Y Pt_3$)岩性观察点。

描述 堰湾岩体与No.03点的太平溪岩体相比较,黑云母含量明显增多,且此处岩体中黑云母片度大,片度1~1.5cm,自形程度大,排列集中。暗色矿物中黑云母含量最多,角闪石与辉石含量较少。相较于中坝岩体与兰陵溪岩体,此处角闪石晶体结晶程度好,晶体形成较大且晶体之间差异大,有些晶体自形好,有些自形差。岩石成分含量估计:角闪石加黑云母大于20%,斜长石含量大于70%,石英约5%,以及少量辉石(图3-3)。

命名 灰色粗粒黑云母石英闪长岩。

图 3-3 堰湾岩体(岩性:灰色粗粒黑云母石英闪长岩)(侯林春,2015)

No.03 太平溪岩体

任务 太平溪岩体的矿物组成、色率以及矿物组成百分比的估计及命名。

点位 翻坝码头翻坝物流园内。

GPS 110°57′29″E,34°57′08″N;$H=220$m。

点义 太平溪岩体的岩性观察、描述及命名。

露头 天然、人工、弱风化。

描述 翻坝码头翻坝物流园内的岩石为开山采石后裸露的新鲜露头,大多数都只有轻微的风化。整体上看,新鲜面的颜色为灰色,根据矿物颗粒的粒径大小分类,可以判断此处岩石的结构为中粗粒结构,矿物颗粒粒径在 2~10mm 之间。肉眼可观察到的矿物有半透明的石英、片状的黑云母、白色的斜长石以及黑色的角闪石。黑云母片状结构,黑褐色,粒径 3~5mm,一组完全解理,玻璃光泽,薄片具有弹性。估计岩石成分含量:石英 30% 左右,斜长石 50% 左右,角闪石 10% 左右,黑云母 10% 左右,其中暗色矿物为角闪石与黑云母,所以色率 $M=20$,岩石为块状构造,中粗粒结构(图 3-4)。岩体内暗色析离体广泛分布(图 3-5)。

图 3-4 太平溪岩体(岩性:灰黑色中粗粒黑云角闪英云闪长岩)(侯林春,2015)

命名 灰色中粗粒黑云角闪英云闪长岩。

图 3-5 太平溪岩体内的暗色析离体(侯林春,2015)

No.04 中坝岩体

任务 中坝岩体岩性的描述及命名。
点位 中坝村 0190 电线杆对面处。
GPS $110°55'00.43''E, 30°51'43.57''N; H=204m$。
点义 中坝岩体岩性观察。
露头 天然、人工、分化。
描述 岩体表面云母风化,颜色变成了褐色,仔细观察可见角闪石与辉石,长柱状的黑色矿物为角闪石,短柱状的黑色矿物为辉石。肉眼观察可得出含有黑云母、角闪石、辉石、长石,估计含量为石英大于25%,长石15%左右,暗色矿物黑云母、角闪石、辉石大于40%(图3-6)。包体可分为3种:①浆混体,即铁镁质包体,定向铁镁质岩浆溅入中酸性岩浆中形成;②析离体,原

图 3-6 中坝岩体(岩性:灰黑色黑云角闪石英闪长岩)(侯林春,2015)

暗色矿物富集，与岩体无明显界线，有过渡带；③捕虏体，岩浆上移过程中，经过挤压或地震作用，围岩下落，偏基性围岩落入岩浆中被熔融后重结晶，结晶流动过程中被拉长。

命名 灰黑色黑云角闪石英闪长岩。

No.05 兰陵溪岩体

任务 兰陵溪岩体的岩性描述及命名。

点位 兰陵村334省道76km处。

GPS 110°54′45.05″E,30°52′15.35″N；$H=198$m。

点义 茅坪复式岩体中兰陵溪岩体的岩性观察。

露头 人工、良好。

描述 根据矿物颗粒粒径大小分类，此处岩体为中细粒结构，矿物颗粒大小在0.2~5mm，岩体为似片麻状构造。岩体中矿物成分大致为斜长石、角闪石、黑云母、石英以及少量辉石。含量估计为斜长石45%左右，角闪石30%左右，黑云母10%左右，石英10%左右，辉石5%左右(图3-7)。在岩体中可见有铁镁质微细粒暗色包体(图3-8)。

命名 灰黑色中细粒黑云角闪闪长岩。

图3-7 兰陵溪岩体(岩性：灰黑色中细粒黑云角闪闪长岩)(侯林春,2015)

图3-8 兰陵溪岩体中的暗色铁镁质捕虏体(侯林春,2015)

No.06 兰陵溪岩体与小渔村组变质岩接触带

任务
(1)描述兰陵溪岩体与小渔村组变质岩的混合接触关系。
(2)利用罗盘实地测量,画接触关系素描图。
点位 木材检查站。
GPS 110°54′41.29″E,30°52′78.70″N;H=227m。
点义 兰陵溪岩体与小渔村组变质岩的接触关系的观察描述。
露头 天然、人工、弱风化。
描述 兰陵溪岩体与小渔村组变质岩的接触带是混合岩(图3-9)。
点西:灰黑色崆岭群小渔村组斜长角闪岩、黑云斜长片岩、黑云石英片岩、绿泥石片岩。岩体为块状结构,中粒磷片状变质结构。点东:兰陵溪岩体观察(No.05)岩体为灰黑色中细粒黑云角闪闪长岩。

图3-9 兰陵溪岩体与小渔村组岩体接触带的混合岩(侯林春,2015)

小结

1. 面临的问题
岩脉的形成原因。
包体的形成原因。
在野外区分辉石与角闪石。
混合岩接触关系判断。
2. 所获得的知识
野外岩石命名。
颜色+粒度+结构+次要矿物+主要矿物。
根据所含矿物含量投图,定大类。
3. 解决方法
查阅资料、小组讨论、询问老师和同学。

第二节 黄陵庙复式岩体

路线 基地→三斗坪→青鱼背→小滩头→基地。
任务
(1)黄陵庙复式岩体中三斗坪岩体、青鱼背岩体、小滩头岩体的观察描述。
(2)识别矿物,并定名。
知识链接
1. 结晶分异作用

结晶分异作用指岩浆在冷却过程中不断结晶出矿物和矿物与残馀熔体分离的过程。它是岩浆冷凝过程中由于不同矿物先后结晶和矿物比重的差异导致岩浆中不同组分相互分离的作用。

当岩浆缓慢冷却时,熔点高、比重大的矿物首先结晶。其中一部分晶体因比重大而沉入岩浆底部,或因其他原因从岩浆中分离出来,聚集成为熔点较高的岩石。另一部分未能沉入底部或从岩浆中分离出来的,则同剩余岩浆发生反应,岩浆的成分因而发生变化。当岩浆继续冷却到适当温度时,又有相应熔点的矿物结晶并分离出来,形成熔点较低的岩石,类似的作用多次发生,从而完成结晶分异过程。

2. 鲍温反应系列

美国岩石学家鲍温根据结晶分异原理,用富含橄榄石的玄武岩实验得出的矿物结晶规律,其反应过程也就是鲍温反应系列。

鲍温反应系列分为两种:连续反应系列和不连续反应系列。其中:

(1)连续反应系列:它是形成的矿物的化学成分连续变化,内部结构无根本变化,是石英、钾长石以及各种斜长石等长英质矿物又名浅色矿物所特有的反应过程。依照岩浆冷却过程,矿物晶出顺序为:基性斜长石→中性斜长石(中长石)→酸性斜长石→钾长石→白云母→石英。

(2)不连续反应系列:它是形成的矿物化学成分有差异,同时内部结构有显著变化,是暗色矿物(铁镁质矿物)所特有的反应过程。依据岩浆冷却过程,矿物晶出顺序为:橄榄石→辉石→角闪石→黑云母→钾长石→白云母→石英。

3. 变质岩构造类型

板状构造:岩石外观呈现平板状,沿板面方向容易裂开。

千枚构造:岩石呈薄片状,晶粒细小。

片状构造:片状、板状、针状呈平行定向排列。

片麻状构造:岩石主要由较粗的粒状(如长石、石英)组成,但又有一定数量的柱状矿物(如角闪石、黑云母、白云母)在粒状矿物中定向排列和不均匀分布形成断续条带状构造。

块状构造:岩石中矿物颗粒无定向排列所表现的均一构造,如有一部分大理岩、石英岩等具有的构造。

4. 复式岩体

复式岩体指不同时代花岗岩类岩体在空间上的共生,组成复式岩体的各部分彼此之间不存在必然的成因联系。

5. 环带构造

矿物围绕一个核心呈带状结晶，构成环带构造。晶体颗粒表现出明显的环带，正交偏光镜下呈现环带状消光，在中性斜长石中尤为常见。斜长石的环带内外成分不同，内部环带的长石成分偏基性，外部偏酸性，它是在岩浆岩冷却速度中等条件下形成的，出现于中深成岩或部分浅成岩中，而深成岩中的长石少见环带状结构。

6. 流面构造

流面构造是指岩浆中的片状矿物、板状矿物大扁平面的定向排列而形成的构造。流面构造只能说明接触面的产状，不能说明岩浆运动方向。

7. 绿帘石化

绿帘石化，即原来的岩浆岩、变质岩、沉积岩受热液交代后形成的一种围岩蚀变。

8. 聚片双晶与卡氏双晶的鉴别

聚片双晶，由多个晶体的薄片依互相平行的晶面结合而成。也即按同一种双晶律多次重复所构成的双晶。因此，在横切双晶结合面的平面上，可以观察到由一系列平行的双晶缝合线所组成的双晶纹。卡氏双晶，又叫卡斯巴双晶，一个很容易鉴别的现象就是在阳光下，晶体明显分为一亮一暗两块。

No. 01 东岳庙岩体与三斗坪岩体的岩体分界

任务 判别、描述东岳庙岩体与三斗坪岩体的岩性差异。

点位 西陵长江大桥南岸公路旁。

GPS $111°03'01.58''E, 30°49'22.87''N; H=107m$。

点义 东岳庙岩体与三斗坪岩体的岩体分界点。点西：东岳庙岩体；点东：三斗坪岩体。

描述 此处为东岳庙岩体与三斗坪岩体的岩体分界点，同时也为茅坪复式岩体与黄陵庙复式岩体的分界点。其中茅坪复式岩体包括太平溪岩体、中坝岩体、兰陵溪岩体、堰湾岩体以及东岳庙岩体。黄陵庙复式岩体中包括三斗坪岩体、青鱼背岩体以及小滩头岩体。

No. 02 三斗坪岩体

任务 黄陵庙复式岩体中三斗坪岩体的岩性观察、描述与命名。

点位 三斗坪镇东2000m（石材堆放场）处。

GPS $111°05'13.63''E, 30°51'00.96''N; H=80m$。

点义 黄陵庙复式岩体（超单元）中的三斗坪岩体（单元）($\gamma\delta^S Pt_3$)岩性。

描述 此处岩体中暗色矿物有角闪石和黑云母，黑云母较少且不易发现，肉眼观察可见肉红色钾长石以及绿帘石化的长石。矿物含量估计，角闪石10%，黑云母5%，石英含量25%～30%，长石含量50%～60%，其中钾长石15%左右，斜长石45%（图3-10）。

此处为岩体破碎带，且有一处石煤采集矿。由于风化作用，且岩石间相互挤压磨擦产生热量，导致岩性发生变化，形成动力色，岩石为似斑状结构，有动力色的多为晶质或玻璃质，长石红化，暗色矿物发生变化，出现红绿相间，斜长石碎裂结构，边缘形成锯齿状，石英形成眼球状构造，为断层岩。

命名 灰色中粒黑云母花岗闪长岩。

图 3-10　三斗坪岩体(岩性:灰色中粒黑云母花岗闪长岩)(侯林春,2015)

No.03　青鱼背岩体

任务　青鱼背岩体的岩性观察描述与命名。

点位　黄陵庙村 4 组的乌龟包。

GPS　$111°06'38.72''E, 30°50'50.22''N; H=77m$。

点义　黄陵庙复式岩体(超单元)中的青鱼背岩体(单元)($\eta\gamma^Q Pt_3$)岩性观察点。

描述　岩性特征为新鲜岩石呈红绿相间的杂色,风化后为土黄色,中粒结构,块状构造。主要矿物为肉红色的碱性长石(35%±)、青灰色的斜长石(35%±)、石英(25%)、黑云母(3%±)、角闪石(2%±),另含极少量的白云母(<1%±)(图 3-11)。碱性长石可具有卡氏双晶。该岩石的白云母含量虽低,但因其特殊性故参加命名。

图 3-11　青鱼背岩体(岩性:肉红色中粒白云母二长花岗岩)(侯林春,2015)

岩石野外定名:肉红色中粒白云母二长花岗岩。

No.04 小滩头岩体

任务 小滩头岩体的岩性观察描述与命名。

点位 陡山沱汽渡往东约 1.7km 处。

GPS $111°07'54''E,30°50'33''N; H=40m$。

点义 黄陵庙复式岩体(超单元)中的小滩头岩体(单元)($\eta\gamma^{x}Pt_3$)岩性观察点;环带结构钾长石斑晶观察点。

露头 天然,良好,弱风化。

描述 岩性特征,岩石为似斑状结构,块状构造。基质为中粗粒,斑晶为巨大肉红色钾长石。基质除钾长石外,还有石英和斜长石,另含少量的白云母和黑云母。各矿物含量分别为钾长石 52%,石英 30%,斜长石 15%,白云母+黑云母 3%(图 3-12)。该岩石中两种云母含量较低,但因属淡色花岗岩故参加命名。

此外,该岩石常含富云包体,是富云母的原岩被部分熔融剩下的残余,表明该岩石源于地壳深熔作用,有人认为它是陆内造山运动(后造山)背景下岩浆作用的代表性岩石。

点西 200m 处可见碱性长石斑晶环带结构,环带中白色成分为钠长石,红色成分为钾长石。

相对于茅坪岩体,自西向东由中性岩体向酸性岩体过渡。

岩石野外定名:肉红色斑状二云母正长花岗岩。

图 3-12 小滩头岩体(岩性:肉红色斑状二云母正长花岗岩)(侯林春,2015)

小结

1. 面临的问题

野外岩石命名的原则,判断主次关系以及命名时以什么矿物为准?

QAP 图的灵活运用。

2. 所获知识

准确判别各种矿物,如角闪石与辉石等。

第四章 沉积岩地层实习

第一节 南华纪与震旦纪地层

路线 基地→九曲垴-横墩岩→基地。
任务
(1) 观察描述新元古界南华系莲沱组(Nh_1l)和南沱组(Nh_2n)地层岩性特征。
(2) 观察描述新元古界震旦系陡山沱组(Z_1d)和灯影组(Z_2dn)地层岩性特征。
(3) 观察并绘制陡山沱组内的褶皱示意图。
知识链接
1. 实习区综合地层序列
实习区地层序列见表4-1。

表4-1 实习区地层序列简表

年代地层单位			岩石地层单位		代号	厚度(m)	岩性简述
界	系	统	组	段			
新生界	第四系	全新统			Qh^{sl} Qh^{pal}	0~50	砾石,含砾、含砂黏土
		更新统			Qp_3^{pal}	>15	砾石层,黑色黏质砂土及黄褐色砂质黏性土
					Qp_2^{pal}	102	砾石层,紫红色含砾石砂质黏性土,褐红色网纹状黏性土
					Qp_1^{pal}	21~27	砾石层,黄褐色、棕黄色粉砂夹黏土质粉砂
	古近系	始新统	牌楼口组		E_1p	323~962	底部黄色—浅紫红色厚层砂岩,整体以砂岩为主夹细砂岩、泥岩
			洋溪组		E_1y	100~520	灰白色、紫红色薄—中层状砂质灰岩之下的一套以灰褐色、淡红色、灰白色中—厚层状灰岩为主,夹杂色泥岩。
		古新统	龚家冲组		E_1g	60~470	底部为棕红色厚层—块状角砾岩、砾岩或砂质砾岩;中、上部为紫红色泥岩和粉砂岩夹褐黄色、棕红色、灰白色砂岩及灰绿色泥岩

续表 4-1

年代地层单位			岩石地层单位		代号	厚度(m)	岩性简述
界	系	统	组	段			
中生界	白垩系	上统	跑马岗组		K_2p	170~890	棕黄色夹灰绿色、黄绿色的杂色砂岩、粉砂岩、粉砂质泥岩和泥岩
			红花套组		K_2h	773	鲜艳的棕红色厚层状砂岩夹有泥质细砂岩及粉砂岩、泥岩
			罗镜滩组		K_2l	400~600	紫红色、灰色厚层至块状砾岩,上部夹砂砾岩及含砂砾岩
		下统	五龙组		K_1w	714~1867	紫红色、棕红色中—厚层状砂岩,含砾砂岩,夹砾岩、泥质砂岩
			石门组		K_1s	185~275	紫红色、紫灰色块状中粗粒砾岩夹砖红色细砂岩透镜体
	侏罗系	上统	蓬莱镇组		J_3p	2115	紫灰色长石石英砂岩与泥(页)岩不等厚互层,夹黄绿色页岩及生物碎屑灰岩,含介形虫、叶肢介、轮藻及双壳类化石
			遂宁组		J_3s	630	紫红色泥(页)岩,夹屑长石砂岩、粉砂岩,含介形虫、轮藻、叶肢介及双壳类化石
		中统	沙溪庙组		J_2s	1986	黄灰色、紫灰色长石石英砂岩与紫红色、紫灰色泥(页)岩不等厚韵律互层
			千佛崖组		J_2q	390	紫红色、绿黄色泥岩、粉砂岩、细粒石英砂岩夹介壳化石
		下统	香溪群	桐竹园组	J_1t	280	黄色、黄绿色、灰黄色砂质页岩、粉砂岩及长石石英砂岩,夹碳质页岩及薄煤层或煤线
	三叠系	上统		九里岗组	T_3j	142	黄灰色、深灰色粉砂岩、砂质页岩、泥岩为主,夹长石石英砂岩及碳质页岩,含煤层或煤线3~7层
		中统	巴东组		T_2b	75~91	紫红色粉砂岩、泥岩夹灰绿色页岩
		下统	嘉陵江组		T_1j	728	灰色中—厚层状白云岩、白云质灰岩夹灰岩、岩溶角砾岩
			大冶组		T_1d	1000	灰色、浅灰色薄层状灰岩,中上部夹厚层灰岩、白云质灰岩,下部夹含泥质灰岩或黄绿色页岩
古生界	二叠系	上统	吴家坪组		P_3w	84~103	灰色中厚层—厚层状、块状含燧石团块的泥晶灰岩、生物碎屑灰岩
		中统	茅口组		P_2m	88.9	灰色、浅灰色厚层—块状含燧石结核、生屑微晶灰岩、藻屑微(泥)晶灰岩、生屑砂屑亮晶灰岩
			栖霞组		P_2q	110.2	深灰色、灰黑色厚层状含燧石结核(或团块)生屑泥晶灰岩
			梁山组		P_2l	3.8~42	下部灰白色中厚层细砂岩、粉砂岩、泥岩及煤层,上部黑色薄层泥岩夹灰岩

续表 4-1

年代地层单位			岩石地层单位		代号	厚度(m)	岩性简述
界	系	统	组	段			
古生界	石炭系	上统	黄龙组		C_2h	11.4	灰色、浅灰色—肉红色厚层灰岩,含灰质白云岩角砾、团块
			大埔组		C_2d	5.1	灰白色—灰黑色厚层块状白云岩
	泥盆系	上统	写经寺组		D_3x	11.66	上部砂页岩,夹鲕绿泥石菱铁矿及煤线,下部泥灰岩、灰岩或白云岩夹页岩及鲕状赤铁矿层
			黄家磴组		D_3h	12.8~15	黄绿色、灰绿色页岩、砂质页岩和砂岩为主,时夹鲕状赤铁矿层
		中统	云台观组		D_2y	85.9	灰白色中—厚层或块状石英岩状石英细粒砂岩夹灰绿色泥质砂岩
	志留系	中统	纱帽组	四段	S_1sh^4	51.1~77.4	灰黄色、灰褐色中层—薄层细砂岩夹紫红色薄层粉砂岩
				三段	S_1sh^3	125.5	黄绿色中厚层长石石英砂岩夹粉砂质泥岩、薄层泥质粉砂岩
		下统		二段	S_1sh^2	282	黄绿色薄层粉砂质泥岩、泥质粉砂岩,夹灰白色薄层细砂岩
				一段	S_1sh^1	185.3	灰黄色、黄绿色薄层泥岩、灰色薄层粉砂岩、黄绿色含粉砂质泥岩
			罗惹坪组		S_1l	73.7~172	下部为黄绿色泥岩、页岩夹生物灰岩、泥灰岩;上部为黄绿色泥岩、粉砂质泥岩
			新滩组		S_1s	670~820	灰绿色、黄绿色页岩、砂质页岩、粉砂岩夹细砂岩薄层
			龙马溪组		O_3S_1l	576.5	黑色、灰绿色薄层粉砂质泥岩、石英粉砂岩,偶夹薄层状石英细砂岩,产大量笔石
	奥陶系	上统	五峰组	观音桥段	O_3w^g	0.17~0.3	黑灰色、黄褐色或浅紫色含石英粉砂黏土岩、黏土岩,产壳相动物群化石
				笔石页岩段	O_3w	5.44	黑灰色微薄层—薄层状含有机质石英细粉砂质水云母黏土岩,夹黑灰色微薄层至薄层状微晶硅质岩
			临湘组		O_3l		灰色、灰黑色或带绿色瘤状泥质灰岩夹少许页岩
			宝塔组		O_3b		灰色、浅紫色或灰紫红色中厚层龟裂灰岩夹瘤状灰岩,以产头足类 Sinoceras sinensis 等为其特点
			庙坡组		$O_{2-3}m$	3.1~6.6	黄绿色、灰黑色钙质泥岩、粉砂质泥岩、黄绿色页岩夹薄层生物屑灰岩,富含笔石
			牯牛潭组		O_2g	20.06	青灰色、灰色及紫灰色薄—中厚层状灰岩、砾屑灰岩与瘤状灰岩互层
		中统	大湾组	三段	$O_{1-2}d^3$	21.55	黄绿色薄层粉砂质泥岩夹生屑灰岩或呈不等厚互层状
				二段	$O_{1-2}d^2$	7.7	紫红色、灰绿色或浅灰色薄层生物屑泥晶灰岩、瘤状灰岩、夹钙质灰岩
				一段	$O_{1-2}d^1$	25.5	灰绿色、深灰色、浅灰色薄层灰岩间夹极薄层黄绿色页岩

续表 4-1

年代地层单位			岩石地层单位		代号	厚度(m)	岩性简述
界	系	统	组	段			
古生界	奥陶系	下统	红花园组		O_1h	45.9	灰色、深灰色中—厚层状夹薄层状灰岩,下部偶夹页岩
			分乡组		O_1f	22~54	下部为灰色中厚层灰岩夹灰绿色薄层状泥岩;上部为灰色薄层生屑灰岩夹泥岩
			南津关组		O_1n	209.77	下部为白云岩;中部为含燧石灰岩、鲕状灰岩、生屑灰岩,含三叶虫;上部为生屑灰岩夹黄绿色页岩,富含三叶虫、腕足类等
	寒武系	上统	娄山关组		$\in_3 O_1 l$	673.37	灰色—浅灰色薄层至块状微细晶白云岩、瓷质白云岩夹角砾状白云岩,局部含燧石
		中统	覃家庙组		$\in_2 q$		薄层状白云岩和薄层状泥质白云岩为主,夹中—厚层状白云岩及少量页岩、石英砂岩
		下统	石龙洞组		$\in_1 sl$	86.3	浅灰色—深灰色至褐灰色中—厚层状白云岩、块状白云岩,上部含少量钙质及少量燧石团块
			天河板组		$\in_1 t$	81~377	深灰色—灰色薄层状泥质条带灰岩,含丰富的古杯类和三叶虫化石
			石牌组		$\in_1 sp$	294	灰绿色—黄绿色黏土岩、砂质页岩、细砂岩、粉砂岩夹薄层状灰岩、生物碎屑灰岩
			水井沱组		$\in_1 s$	168.5	灰黑色或黑色页岩、碳质页岩夹灰黑色薄层灰岩
			岩家河组		$\in_1 y$	20~50	灰色硅质泥岩、白云岩、黑色碳质灰岩夹碳质页岩。薄—中层状泥质白云岩、细晶白云岩,含长石石英粉砂质磷块岩
新元古界	震旦系	上统	灯影组	天柱山段	$Z_2 dn^t$	0.7~5	
				白马沱段	$Z_2 dn^b$	17.5	灰白色厚—中层状白云岩,局部层段硅质条带、结核发育
				石板滩段	$Z_2 dn^s$	36	灰黑色薄层含硅质泥晶灰岩,极薄层泥晶白云岩条带发育
				蛤蟆井段	$Z_2 dn^h$	133.4	灰色—浅灰色中层夹厚层白云岩
		下统	陡山沱组	四段	$Z_1 d^4$	0~8.4	黑色薄层硅质泥岩、碳质泥岩夹透镜状灰岩
				三段	$Z_1 d^3$	35.8	下部为灰白色厚层夹中层状白云岩,上部为薄层状粉晶白云岩
				二段	$Z_1 d^2$	235	深灰色—黑色薄层泥质灰岩、白云岩与薄层碳质泥岩不等厚互层
				一段	$Z_1 d^1$	3.3~55	灰色、深灰黑色薄层含硅质白云岩,发育帐篷构造
	南华系	上统	南沱组		$Nh_2 n$	36~63	灰绿色夹紫红色块状冰碛砾岩,含冰碛泥岩,偶夹薄层粉砂质泥岩
		下统	莲沱组	上段	$Nh_1 l^2$	39~63	紫红色及灰白色凝灰质砂岩和紫褐色及黄绿色砂岩,砂质页岩
				下段	$Nh_1 l^1$	91~103	红色、棕紫色及黄绿色粗—中粒长石石英砂岩及长石砂岩

续表 4-1

年代地层单位			岩石地层单位		代号	厚度(m)	岩性简述
界	系	统	组	段			
中元古界			崆岭群	庙湾岩组		Pt_2m	864.12	具条带、条纹构造的斜长角闪片岩,夹石英岩、角闪斜长片麻岩及石榴角闪片岩
				小以村岩组	Pt_2x	799.8	中、下部为含石墨黑云斜长片麻岩、大理岩、钙硅酸盐岩—石英岩组合;上部为斜长角闪岩夹黑云斜长片麻岩、石英片岩及富铝片麻岩与片岩;顶部偶见大理岩透镜体
				古村坪岩组	Pt_2g	>812	黑云(角闪)斜长片麻岩(或变粒岩)夹斜长角闪岩

2. 沉积岩的结构、构造与分类

1)沉积岩厚度分类

巨厚层,厚度为100cm以上;厚层为50~100cm;中厚层为10~50cm;薄厚层为1~10cm;微厚层为0.1~1cm。

2)沉积岩结构

沉积岩结构类型包括碎屑结构、泥质结构、火山碎屑结构、砾屑结构、晶粒结构以及生物结构。按照碎屑粒径大小可分为:砾状结构粒径大于2mm;砂状结构粒径2~0.5mm。

粉砂状结构粒径0.05~0.005mm;泥状结构粒径小于0.005mm。

碎屑颗粒粗细的均匀程度称为分选性:大小均匀者,称为分选良好;大小混杂者,称为分选差。

碎屑颗粒棱角的磨损程度称为磨圆度,磨圆度可分出不同等级:棱角全部磨损者称为圆形;棱角大部分磨损者称为次圆形;棱角部分磨损者称为次棱角形;棱角完全未磨损者称为棱角型。

3)沉积岩中的矿物

组成沉积岩的常见矿物有石英、白云母、黏土矿物、钾长石、钠长石、方解石、白云石、石膏、硬石膏、赤铁矿、褐铁矿、玉髓、蛋白石等。

4)沉积构造

(1)层理,沉积岩的成层性,它是由岩石不同部分的颜色、矿物成分、碎屑(或沉积物颗粒)的特征及结构等所表现出的差异而引起的,是因不同时期沉积作用的性质变化而变化的。层理中各层纹相互平行者称为平行层理,层纹倾斜或相互交错者称为交错层理。

(2)递变层理,同一层内碎屑颗粒粒径向上逐渐变细。它的形成常常是因沉积作用发生在运动的水介质中,其动力由强逐渐减弱。同一层内碎屑颗粒从上往下逐渐变粗者,称为反递变层理。

(3)波痕层面,呈波状起伏,它是沉积介质动荡的标志,见于具有碎屑结构岩层的顶面。当介质定向运动时所形成的波痕为非对称状,顺流坡较陡,逆流坡较缓,系由流水或风引起;当介质是来回运动的波浪时形成对称波痕,其两坡坡角相等。如波峰较鲜明、波谷较宽缓,或波谷中有云母集中时,可用以确定岩层的顶底,即波峰所在一侧为顶,波谷所在一侧为底。

(4)泥裂是由岩石表面垂直向下的多边形裂缝。裂缝向下呈楔形尖灭,它是滨海或滨湖地带泥质沉积物暴露水面后失水变干收缩而成。利用泥裂可以确定岩层的顶底,即裂缝开口方向为顶，裂缝尖灭方向为底。

(5)缝合线是岩石剖面中呈锯齿状起伏的曲线，总的展布方向与层面平行。规模较大的缝合线代表沉积作用的短暂停顿或间断，规模较小的缝合线是沉积物固结过程中在上覆沉积物压力下，由富含 CO_2 的淤泥水沿层面循环时溶解两侧物质所致。缝合线主要见于石灰岩及白云岩，有时也出现在砂岩中。

(6)结核是沉积岩中某种成分的物质聚积而成的团块。它常为圆球形、椭圆形、透镜状及不规则形态。石灰岩中常见的燧石结核主要是 SiO_2 在沉积物沉积的同时以胶体凝聚方式形成的。含煤沉积物中常有黄铁矿结核，它是固结过程中沉积物中的 FeS_2 自行聚积形成的，一般为球形。黄土中的钙质结核或铁锰结核是地下水从沉积物中溶解 $CaCO_3$ 或 Fe、Mn 的氧化物后在适当地点再沉积而形成的。

(7)印模是沉积岩层底面上的突起。突起的形态为长条状、舌状、鱼鳞状或不规则的疙瘩状等。其大小不等，排列方向多呈相互平行的定向性。印模主要是在沉积作用停顿时沉积物顶面受到流水冲刷，或受到流水携带物体刻划，形成了沟槽，然后被上覆沉积物充填铸模而成。不规则形状的印模是在固结过程中沉积物不均匀压入下伏沉积物内使物质发生重新聚积而成。印模只见于具有碎屑结构的岩层中。

5)碎屑岩

硅质页岩：灰黑色、深灰色，岩石致密坚硬，具有贝壳状断口，节理裂隙较发育，类似于燧石岩，但硅质页岩用小刀可以刻划，而燧石用小刀不能刻划。

页岩：一般具有页理构造，风化后呈小叶片状。

泥岩：不具有叶理，风化后呈小碎块状；页岩和泥岩性质均较软，易风化。

砂岩：质地坚硬，断面呈砂粒状，可见砂颗粒，手感粗糙。石英砂岩用小刀无法刻划。碎屑成分常分为石英、长石、白云母、岩屑及生物碎屑。岩石颜色多样，随碎屑成分与填隙物而异。如富含黏土者颜色较暗；含铁质者为紫红色；碎屑为石英，胶结物为 SiO_2 者呈灰白色；碎屑富含钾长石者呈灰红色。

砾岩、角砾岩：具有粒状结构的岩石。碎屑为圆形或次圆形者为砾岩，碎屑为棱角形或半棱角形者为角砾岩。其进一步定名主要是根据碎屑成分。如碎屑主要为石灰岩者，称为石灰岩质砾岩(角砾岩)；碎屑主要为安山岩者，称为安山岩质砾岩(角砾岩)。

粉砂岩：具有粉砂状结构之岩石，贝壳状断口，性脆，风化后易成小碎块状。碎屑成分常为石英及少量长石与白云母。颜色为灰黄色、灰绿色、灰黑色、红褐色等。其进一步定名的原则与砂岩相同，但一般着重考虑其颜色与胶结质成分。

黏土岩：由黏土矿物组成并常具有泥状结构的岩石。硬度低，用指甲能刻划。高岭石是黏土岩中的常见矿物。黏土岩中固结微弱者称为黏土，固结较好但没有层理者称为泥岩，固结较好具有良好层理者称为页岩。

6)化学沉积岩

硅质岩：色暗淡，多呈黑、黄灰色，隐晶质结构或鲕状结构，贝壳状断口，常呈尖棱锐角状劈开，硬度大，可划动铁器，铁锤击打往往有火花。化学成分为 SiO_2，组成矿物为微粒石英或玉髓，少数情况下为蛋白石。质地坚硬，小刀不能刻划，性脆。含有机质的硅质岩颜色为灰黑色。富含氧化铁的硅质岩称为碧玉，常为暗红色，也有灰绿色。具有同心圆状构造的称为玛瑙，其各层颜色不同，十分美观。呈结核状产出者即为燧石结核。少数硅质岩质轻多孔，称为硅华。

硅质岩中含黏土矿物丰富者称为硅质页岩,质地较软。

泥灰岩:黏土混入物25%～30%,为泥质岩与石灰岩的过渡类型,由于常混入铁质,使岩石颜色较鲜明,有红、褐、淡紫等色;具有隐晶微晶结构、质地均一致密,贝壳状断口,常具微层理,风化后有时较松散,可污染手,加5%的稀盐酸起泡后留下泥质斑痕。

石灰岩:由方解石组成,遇稀盐酸剧烈起泡。岩石为灰色、灰黑色或灰白色。性脆,硬度3.5,断口呈贝壳状。

白云质灰岩:加稀盐酸很快起泡,但响声不大,灰色—浅灰色,少数呈浅黄灰色,致密、性脆,多具贝壳状断口,风化面较光滑,一般无刀砍状溶沟,岩溶较发育,表面有溶蚀溶孔,碾成粉末加稀盐酸起泡较剧烈。

灰质白云岩:加稀盐酸微弱起泡,无响声,或用放大镜看可见起泡,浅灰色—灰黄色,断口呈细瓷状,质地较硬,岩溶不发育,风化面有少量刀砍状溶沟。

白云岩:白云岩常为浅灰色、灰白色,少数为深灰色。断口呈粒状。硬度较石灰岩略大,岩石风化面上有刀砍状溶蚀沟纹。

No.01　莲沱组与太平溪岩体接触关系

任务　太平溪岩体风化壳与莲沱组底砾岩的观察描述。

点位　高家溪石板桥南100m处河岸边。

GPS　110°01′09.93″E,30°46′19.72″N;H=213m。

点义　莲沱组与太平溪岩体接触关系(图4-1)。

图4-1　太平溪岩体与莲沱组沉积不整合地层剖面(高家溪)(侯林春,2015)

描述　莲沱组地层以长石、石英为主,由于风化作用致密块状构造变成了松散块状构造。沉积岩的观察从颜色、结构构造、矿物成分、层厚、特殊现象以及是否含化石等几个方面入手。大致观察可得出,此处沉积岩为红色,碎屑结构,泥砂状,块状构造,中厚—厚层夹薄层;与下伏岩浆岩为沉积不整合关系,地层年龄上差别较大,上部沉积岩为莲沱组,约 700 Ma,下部太平溪岩体花岗岩超过 800 Ma,年龄中间相差较大。

下部太平溪岩体火成岩,由于在莲沱组沉积之前已经抬升,并长期露出地表,已经形成了古风化层。

底砾岩观察:此处沉积岩中含底砾岩,且其磨圆度差,说明搬运距离很近。在岩层中可见一条宽 1cm 左右、平行于此层理的灰绿色条带,可见其沉积物质在沉积年代中发生过变化,可能为河流的改道造成的。

命名 灰黑色中粗粒黑云角闪英云闪长岩。

No.02 莲沱组—南沱组界线

任务 莲沱组与南沱组的观察描述。

点位 S334 省道冀家湾九曲垴中桥西桥头。

GPS $110°52'52''E,30°53'01''N;H=195m$。

点义 莲沱组(Nh_1l)—南沱组(Nh_2n)界线观察点(图 4-2)。

图 4-2 莲沱组与南沱组整合接触地层剖面(高家溪)(侯林春,2015)

露头 天然,差。

描述 点东为莲沱组(Nh_1l)被坡积物覆盖。因无法看清露头。莲沱组(Nh_1l)为紫红色的中-厚层状砂砾岩、含砾粗砂岩、长石石英砂岩、石英砂岩、细粒岩屑砂岩、长石质砂岩夹凝灰质岩屑砂岩、含岩屑凝灰岩。由下往上碎屑粒径由粗变细。

点西为南沱组(Nh_2n),为灰绿色、紫红色冰碛砾岩(杂砾岩)。上部夹薄层状砂岩透镜体,冰碛砾岩中的砾石分选性差,成分复杂,大小不均一,磨圆差,表面具擦痕。

莲沱组与南沱组的接触关系为整合接触。

No.03　南沱组—陡山沱组界线

任务　陡山沱组与南沱组的观察描述。
点位　S334 省道冀家湾九曲垴中桥西约 20m。
GPS　110°52′51″E,30°53′00″N；$H=198m$。
点义　南沱组(Nh_2n)—陡山沱组(Z_1d)界线整合接触观察点(图 4-3、图 4-4)。
露头　人工,良好,弱风化。
描述　点东为南沱组,为灰绿色冰碛砾岩。

点西为陡山沱组一段(Z_1d^1),灰白色薄层状白云岩。

陡山沱组(Z_1d)是以灰色、褐灰色、灰白色白云岩为主,下部为灰色、褐灰色白云岩,含泥质和硅质磷质结核;中部为灰黑色页片状含粉砂质白云岩;上部为灰色、灰白色中—厚层状白云岩夹硅质层或燧石团块组成。顶部以黑色碳质页岩与上覆灯影组分界;底以一层含砾白云岩的底面与下伏南沱组(Nh_2n)分界。

陡山沱组一段(Z_1d^1):厚 0.8～8.2m,俗称"盖帽白云岩",在全球广泛分布。岩性为中层状含硅质团块、硅质条带、硅质结核的白云岩、白云质灰岩、泥晶硅质灰岩等。

陡山沱组二段(Z_1d^2):黑色叶片状泥岩,含有一些粉砂状白云岩。泥岩中含有围棋子状硅质结核,结核内部含黄铁矿。

陡山沱组三段(Z_1d^3):灰白色中厚层状白云岩。

陡山沱组四段(Z_1d^4):黑色碳质页岩,主要见于实习区西部。在实习区南部为碳质硅质岩,内含黄铁矿颗粒。碳质页岩中见有巨型结核。

陡山沱组整体从颜色上表现为"两白夹两黑"。

图 4-3　南沱组与陡山沱组整合接触地层剖面(高家溪)(侯林春,2015)

图 4-4　陡山沱组底部的断裂风化壳（李辉，2014）

No.04　陡山沱组内部褶皱

任务　陡山沱组内部的褶皱观察描述，绘制素描图。

点义　陡山沱组一段（Z_1d^1）内部褶皱观察点。

露头　天然，良好，弱风化。

描述　座椅状褶皱（图 4-5）的地层岩性描述如下。

第 1 层：中厚层状泥灰岩，风化为土黄色。

第 2 层：褐黄色钙质页岩。

第 3 层：褐黄色中厚层状泥灰岩。

第 4 层：褐黄色薄层状泥灰岩。

第 5 层：条带状泥灰岩与灰质泥岩互层。

第 6 层：黑色含碳质页岩。

第 7 层：条带状泥灰岩。

断层产状：轴面 49°∠42°；左翼（北）44°∠88°；右翼（南）56°∠48°。

在第 3 层露头表面还可观察到不对称波痕构造，可以判断古水流方向。

No.05　陡山沱组一段与二段界线

任务　陡山沱组一段与二段界线观察与描述。

点位　由上一点沿公路西行约 30m。

GPS　110°52′47″E,30°53′00″N；H=198m。

点义　陡山沱组一段（Z_1d^1）与二段（Z_1d^2）界线观察点。

露头　天然，良好，弱风化。

描述　陡山沱二段（Z_1d^2）：下部岩性为灰色、深灰色—灰黑色中薄层含泥质、碳质白云岩与黑色、深褐色薄—极薄层含碳质泥岩（碳质页岩）组成基本层序，由下而上叠置。中部白云岩

图 4-5 陡山沱组二段的褶皱露头(李辉,2014)

单层变薄,黑色碳质泥岩层增厚,含硅磷质结核;偶见黄铁矿结核。中上部碳质泥岩层段增厚,并含较多硅磷质结核和团块。上部灰白色中层状白云岩明显增厚,而碳质泥岩变薄,并夹薄层燧石条带(3~9cm)、团块(3~8cm)。水平层理发育。

在此点上看到的主要为二段下部的黑灰色碳质泥岩,含围棋子状硅质结核,偶见黄铁矿结核。

No.06 陡山沱组三段(Z_1d^3)褶皱

任务 陡山沱组三段褶皱观察描述,绘制素描图。

点位 S334 省道 83~84km。

GPS $110°52'43''E, 30°53'00''N; H=198m$。

点义 陡山沱组三段(Z_1d^3)褶皱观察点(图 4-6)。

露头 天然,良好,弱风化。

描述 陡山沱组三段(Z_1d^3)下部岩性为灰白色厚层砾屑、砂屑白云岩夹中层状细晶白云岩,间夹薄层状、透镜状硅质条带及少量含泥质白云岩。局部层段见及薄—中层状塌积岩或潮坪相砾屑白云岩。上部岩性为灰白色薄层状含灰质白云岩、白云质灰岩,间夹灰白色—灰黄色极薄层—薄层状含云质泥岩、粉砂质泥岩。发育水平层理、沙纹层理、粒序层理等。局部层段见及薄—中层状塌积岩。

此处所见之倒"S"形褶皱是由于层间滑动产生的横弯褶皱作用而形成,作用范围仅限于陡山沱组三段内,由陡山沱组三段层内褶皱点沿公路继续向西前行约 100m 处。

No.07 陡山沱组三段与四段界线

任务 陡山沱组三段与四段观察描述。

图 4-6 陡山沱组三段发育的倒"S"形褶皱(侯林春,2016)

点位 S334 省道 84km 加水处。

GPS 110°52′36″E,30°52′54″N;$H=198$m。

点义 陡山沱组三段(Z_1d^3)与四段(Z_1d^4)界线观察点。

露头 人工,良好,弱风化。

描述 点东为陡山沱组三段灰白色中厚层状白云岩。

点西为陡山沱四段(Z_1d^4),其岩性为黑色碳质页岩、硅质页岩、粉砂质页岩,夹硅质岩、白云岩透镜体。其透镜体大小不等(30～100cm 者居多),顺层分布;由下而上黑色碳质页岩中夹白云岩、硅质泥岩透镜体。水平层理发育。陡山沱组四段中有石煤(黑色碳质页岩),当地人挖出石煤,用来煅烧石灰。

No.08　陡山沱组—灯影组界线

任务 陡山沱组与灯影组接触关系的观察描述。

点位 S334 省道 84km 处。

GPS 110°52′51″E,30°53′00″N;$H=198$m。

点义 陡山沱组(Z_1d)—灯影组(Z_2dn)整合接触关系观察点(图 4-7)。

露头 天然,良好,弱风化。

描述 点东为陡山沱组四段(Z_1d^4),黑色碳质页岩与硅质岩,含有灰岩透镜体。

点西为灯影组一段(Z_2dn^1),灰白色厚—巨厚层状白云岩。

图 4-7 陡山沱组与灯影组整合接触地层剖面(高家溪)(侯林春,2016)

灯影组(Z_2dn)岩性三分:下部为灰白色厚层状内碎屑白云岩,赋存磷矿床;中部由黑色薄层状含沥青质灰岩(俗称臭灰岩)与硅质灰岩组成,含燧石条带及结核,产宏观藻类;上部为灰白色中—厚层状白云岩,含燧石层及燧石团块,顶部为硅磷质白云岩,产小壳化石。以黑色薄层状白云岩出现与其上覆、下伏地层分界。灯影组三段总体呈现白黑白(两白夹一黑)和厚薄厚特征。

陡山沱组与灯影组的接触关系为整合接触,灯影组(Z_2dn)底部发育硅质条带。

第二节 寒武纪地层

路线 基地→横墩岩隧道→九畹溪→基地。

任务

(1)观察寒武纪岩家河组(ϵ_1y)、水井沱组(ϵ_1s)、石牌组(ϵ_1sp)、天河板组(ϵ_1t)、石龙洞组(ϵ_1sl)、覃家庙组(ϵ_2q)、三游洞组(ϵ_3—O_1s)的岩性组合特征、分组标志及接触关系。

(2)掌握野外信手地质剖面图的编绘方法,绘制寒武纪地层信手剖面图。

(3)观察描述地层中褶皱构造,并绘制素描图。

知识链接

1. 整合关系

平行不整合:因地壳运动的结果,原来的沉积区上升为陆上剥蚀区,于是沉积作用转化为侵蚀作用,这时不但没有新的沉积物继续沉积,原有的沉积物反而被剥蚀,直到该区再次下降为沉积区,接受新的沉积。如此,两套沉积物(成岩后为地层)之间隔着一个起伏不平的大陆侵蚀面,两者的产状平行一致,这种关系称为平行不整合(图 4-8)。

角度不整合:假若沉积盆地中 A 层沉积以后,沉积区不但上升成为大陆剥蚀面,而且还发生了褶皱运动,使 A 层遭受褶皱变形。待此地再次下降接受了新的沉积 B 层,此时 A 层与 B

层之间不但隔着大陆剥蚀面,而且两者之间的岩层产状还呈现截交关系,这种接触关系称为角度不整合(图4-8)。

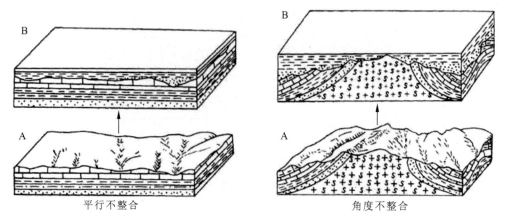

图 4-8 平行不整合与角度不整合(刘本培,全秋琦,1996)

2. 断层的分类

(1)正断层,断层面几乎是垂直的。上盘(位于平面上方的岩石块)推动下盘(位于平面下方的岩石块),使之向下移动。反过来,下盘推动上盘使之向上移动。由于分离板块边界的拉力,地壳被分成两半,从而产生断层。

(2)逆断层,断层面也几乎垂直,但上盘向上移动,而下盘向下移动。这种类型的断层是由于板块挤压形成的。

(3)冲断层,与逆断层的移动方式相同,但断层带几乎是水平的。在这类同样是由挤压形成的断层中,上盘的岩石实际被向上推移至下盘的顶部。这是在聚合板块边界中产生的断层类型。

(4)平移断层,地壳块体沿相反的水平方向相互滑动时形成这类断层。

3. 劈理

劈理的主要特点之一是具有域构造,表现为岩石中劈理域和微劈石域相间排列。劈理域通常是由云母类矿物或不溶残余物富集而成的平行或交织状薄膜或薄条带,即肉眼所见使岩石易于沿此劈开的劈理面。劈理域中原岩常被强烈改造,矿物或矿物集合体的外形或内部晶格具有明显的优选方位。

按照劈理的成因和结构,可分为:①流劈理:由矿物组分平行排列而成,以使岩石易于劈开成薄板状为特征,又称板劈理;②破劈理:与矿物组分的排列无关,是岩石一组密集的平行的剪裂面;③滑劈理:是切过先存面理的差异性平行滑动面,又称应变滑劈理,其微劈石中的先存面理成"S"形弯曲或皱纹,故又称褶劈理。

4. 古杯动物门

古杯动物门是早已绝灭的海生底栖动物。多数为单体,少数为复体,因外形似杯,故有"古杯"一名。单体古杯动物常见的为倒锥形、圆柱形、环形、盘形等。

古杯动物化石多保存在各种灰岩中,并经常和三叶虫、腕足动物、软舌螺、层孔虫等共生,说明古杯动物生活在正常的浅海环境。并据共生的蓝绿藻推测,20~50m的水深区域是古杯动物最繁盛的地区，且往往与藻类等共同造礁。从寒武纪开始就出现了古杯动物的代表，并且四个纲同时存在，推测其始祖起源于寒武纪之前。早寒武世为古杯动物最繁盛时期，遍布世界各地。

No.01　灯影组—岩家河组界线

任务　震旦纪灯影组（Z_2dn）—寒武纪岩家河组（$Z_2\in_1 y$）接触关系的观察描述。
点位　横墩岩隧道西出口约 100m。
GPS　$110°52'03''E, 30°53'08''N; H=196m$。
点义　灯影组（Z_2dn）—岩家河组（$Z_2\in_1 y$）界线观察点。
露头　天然，良好，弱风化。
描述　点东，山上为灯影组（Z_2dn）三段中厚层白云岩。

点西为岩家河组（$Z_2\in_1 y$），是一个具有跨系发育特征的地层单位。由上、下两部分组成，即下部为深灰色薄层白云岩夹黑色粉砂质页岩，上部由黑色含碳质灰岩夹黑色页岩组成。

此点处所见岩家河组下部岩性为中厚层碳质灰岩，局部夹灰岩透镜体。

两者接触关系为整合接触。

No.02　岩家河组—水井沱组界线

任务　岩家河组（$Z_2\in_1 y$）—水井沱组（$\in_1 s$）接触关系的观察描述。
点位　横墩岩隧道西出口约 400 m。
GPS　$110°51'59''E, 30°51'07''N; H=189m$。
点义　岩家河组（$Z_2\in_1 y$）—水井沱组（$\in_1 s$）界线观察点。
露头　人工，一般。
描述　点东为岩家河组（$Z_2-\in_1 y$）中—厚层灰岩。

点西为水井沱组（$\in_1 s$）灰黑色薄层状碳质页岩，局部风化为铁锈色。含有灰岩结核（长轴 1m±，短轴 0.5m±），结核为椭球状。

水井沱组（$\in_1 s$）：下部为黑色薄—极薄层碳质页岩、粉砂质页岩，夹含硅质白云岩、白云岩、白云质灰岩透镜体，其个体在 0.2~1.5m。中部黑色碳质页岩、粉砂质页岩夹薄—中厚层灰岩；上部岩性为黑色、灰黑色薄—中层状灰岩夹薄层状泥灰岩、钙质页岩。水平层理发育。透镜状灰岩俗称"锅底灰岩"或"飞碟石灰岩"。

No.03　水井沱组

任务　水井沱组（$\in_1 s$）地层的观察描述。
点位　S334 省道 85km+500m 处。
GPS　$110°51'58''E, 30°52'57''N; H=189m$。
点义　水井沱组（$\in_1 s$）岩性及劈理观察点。
露头　人工，良好。
描述　水井沱组（$\in_1 s$）岩性为黑色、灰黑色薄—中层状灰岩夹薄层状泥灰岩、钙质页岩。

岩层内部含丰富的豆荚状结核与"锅底灰岩",粒径 1~200cm 不等(图 4-9)。岩层劈理充分发育,并局部充填方解石脉体。

图 4-9 水井沱组的灰质页岩夹结核透镜体(侯林春,2016)

No.04 水井沱组—石牌组界线

任务 水井沱($\in_1 s$)—石牌组($\in_1 sp$)接触关系的观察描述。

点位 S334 省道 85km+500m 处。

GPS 110°51′58″E,30°52′57″N;H=189m。

点义 水井沱组($\in_1 s$)—石牌组($\in_1 sh$)界线观察点。

露头 天然,良好,弱风化。

描述 点东为水井沱组($\in_1 s$)为黑色、灰黑色薄—中层状灰岩夹薄层状泥灰岩、钙质页岩。

点西为石牌组一段($\in_1 sh^1$)为黄绿色薄层及极薄层粉砂质泥岩、粉砂岩夹少量钙质细砂岩及薄层鲕粒灰岩。

石牌组分三段:石牌组一段($\in_1 sh^1$)为黄绿色薄层及极薄层粉砂质泥岩、粉砂岩夹少量钙质细砂岩及薄层鲕粒灰岩;二段($\in_1 sh^2$)为浅灰色中—薄层状泥灰岩;三段($\in_1 sh^3$)为灰绿色、灰绿色薄层状粉砂质泥岩夹灰岩透镜体。

No.04 石牌组—天河板组界线

任务 石牌组($\in_1 sh$)—天河板组($\in_1 t$)接触关系的观察描述。

点位 茶园坡隧道西出口中石油加油站西约 200m(032 号电线杆处)。

GPS 110°50′35″E,30°53′03″N;H=182m。

点义 石牌组($\in_1 sh$)与天河板组($\in_1 t$)界线观察点。

露头 人工,良好。

描述 点东为石牌组($\in_1 sh$)为条带状灰岩。

点西 天河板组($\in_1 t$)为灰色薄层鲕粒灰岩及薄层状白云质灰岩。

天河板组($\in_1 t$),底部为灰色薄层鲕粒灰岩及薄层状白云质灰岩,有溶洞。下部为深灰色薄—中层状泥质条带灰岩,偶夹砂砾屑泥晶灰岩,中部为深灰色薄—中层状泥质条带状灰岩,其中局部层段为核形石灰岩,鲕粒灰岩,产古杯及三叶虫化石,发育水平层理、小型槽状斜层理。上部岩性为深灰色薄—中层状泥质条带灰岩,局部泥质条带中粉砂质含量较高。向上白云质成分增加,钙质成分减少。

沿此点继续沿 S334 省道西行,沿路可见鲕(豆)粒灰岩、核形石灰岩、内碎屑灰岩、古杯礁灰岩(可介绍古杯与珊瑚区别,前者为古杯动物门,后者为腔肠动物门)。

No. 05 天河板组—石龙洞组界线

任务 天河板组($\in_1 t$)—石龙洞组($\in_1 sl$)接触关系的观察描述。

点位 棕岩头隧道东口约 50m 棕岩头中桥。

GPS $110°50'36''E,30°53'04''N;H=189m$。

点义 天河板组($\in_1 t$)—石龙洞组($\in_1 sl$)界线观察点。

露头 完好,弱风化。

描述 点东为天河板组($\in_1 t$)为深灰色薄—中层状泥质条带灰岩。

点西为石龙洞组($\in_1 sl$),厚 36.23~86.3m。

石龙洞组下部为灰白色中厚层夹薄层中细晶白云岩、厚层状夹中层状白云岩,偶见遗迹化石。中部岩性为厚层块状细晶白云岩夹中层状白云岩,发育"雪花"状构造、古岩溶构造。上部岩性为灰白色厚层块状白云岩夹中层状白云岩、风暴角砾岩、砾屑白云岩沉积序列。石龙洞组与下伏天河板组呈整合接触。

天河板组上部地层多有泥质条带灰岩,有隔水作用,所以上覆地层石龙洞组多发育有溶洞。

No. 06 石龙洞组—覃家庙组界线

任务 石龙洞组($\in_1 sl$)—覃家庙组($\in_2 q$)接触关系的观察描述。

点位 棕岩头隧道西出口,九畹溪大桥南端。

GPS $110°50'24''E,30°53'02''N;H=187m$。

点义 石龙洞组($\in_1 sl$)—覃家庙组($\in_2 q$)界线观察点。

露头 天然,良好。

描述 点东为石龙洞组($\in_1 sl$)为灰白色厚层块状白云岩夹中层状白云岩、风暴角砾岩、砾屑白云岩。

点西为覃家庙组($\in_2 q$)以薄层状白云岩和薄层状泥质白云岩为主,夹有中—厚层状白云岩及少量页岩、石英砂岩。岩层中常有波痕、干裂构造,并有石盐和石膏假晶的夹层。

两者为整合接触。

覃家庙组内可见一平卧"S"形褶皱,发育派生张节理,节理面与层面垂直(要求画素描图)(图 4-10)。

图 4-10　覃家庙组内的平卧褶皱地层剖面（侯林春，2015）

No.07　覃家庙组与娄山关组地层分界

任务　覃家庙组（$\in_2 q$）—娄山关组（$\in_3 O_1 l$）接触关系的观察描述。
点位　抬上坪隧道西出口 300m 处。
GPS　110°50′04.57″E，30°53′32.81″N；H=220m。
点义　覃家庙组（$\in_2 q$）—娄山关组（$\in_3 O_1 l$）界线观察点。
描述　娄山关组岩性为灰色—深灰色厚层块状泥晶白云岩，含砾屑的细晶白云岩，含有叠层石，下部充填有晶洞（方解石晶洞）的细晶白云岩与粉晶白云岩。白云岩中夹杂有细微的粉砂质泥岩。此处测得岩层产状为：倾角 29°、走向 358°、倾向 88°。在岩层下部可见叠层石，为海相沉积物。

第三节　奥陶纪与志留纪地层和新构造运动

路线　基地→九畹溪大桥→九畹溪→路口子→基地。
任务
（1）新构造运动（仙女山断裂）的识别、了解。
（2）奥陶系与志留系的观察与了解。
（3）试找出奥陶系宝塔组的标志性化石。
点位　鲤鱼潭隧道西出口西陵峡村村委会（路口子）后山坡。
GPS　110°49′32.79″E，30°54′19.22″N；H=279m。
点义　仙女山断裂观察点、奥陶纪与志留纪地层的观察点。

知识链接

新构造运动是发生在新近地质时期的构造运动。由于新构造运动主要表现为火山、地震、断裂、褶皱、温泉与地热异常,与人类生活关系密切,研究新构造运动在国家经济建设中具有重大意义。在理论研究上,由于新构造运动是现在人类可以直接观察、测量的构造运动,通过直接研究可以更好地理解过去地质历史的构造运动。新构造运动具有以下特点。

1. 新构造运动的方向和速度

从运动方向来看,新构造运动既有垂直升降运动,又有水平运动。而且有时水平运动的幅度和速度甚至比垂直升降运动的速度和幅度还要大。由于垂直升降运动较水平运动易于识别,在地形上和沉积物中表现得比较明显,所以历来对垂直升降运动的研究程度都超过对水平运动的研究。新构造运动中的垂直升降运动具有明显的振荡和节奏性。一个大的地壳上升或下降运动是由次一级的振幅较小、周期较短的震动所组成的。升降运动的速度也是变化的,有时很快,有时很缓慢。这种速度上的快慢交替,也是新构造运动的基本性质。新构造运动的垂直升降运动的方向、性质及强度等方面在不同地区是不一样的。有的地区表现为相对的宁静,而有些地区则特别强烈。一些地区在不断地上升中发生断续的下降;而有些地区又在不断地下降中发生断续的上升。因此新构造运动在区域地貌上反映显著。由于垂直升降运动的振荡性质,在计算升降运动的速度时,往往分为似速度和真速度两种。真速度就是在很短的时间内,用仪器测量的方法测量运动速度的平均值,比较接近当地当时地壳运动的实际速度。似速度是在一个较长的地质时期内,根据保存下来的新构造运动的遗迹所代表的综合幅度计算出来的速度。

2. 新构造运动的类别

从运动的类别来说,新构造运动既有断裂变动,也有褶皱变形。但断裂变动非常普遍,不仅在褶皱地带,而且在新老地台上也非常发育。断裂变动与地块升降的结合表现为普遍的断块运动,这是新构造运动的特点之一。褶皱变动包括大范围的拱曲变形及规模很小的沉积层褶皱变形,后者局限在一定的地带。

3. 新构造运动的继承性和新生性

从新、老构造运动的关系来看,新构造运动具有明显的继承性和新生性。地壳无时不在运动,但地壳运动具有阶段性。新构造运动是在老构造运动的背景下活动的。因此,新构造运动一方面继承了老构造运动的特点,使之具有继承性;同时又对老构造运动进行改造,或形成新的构造,具有新的特点,称为新生性。

描述

1. 仙女山断裂介绍

仙女山断裂系清江流域、鄂西地区著名的区域性大断裂,以途经三峡地区的仙女山,并具有活断层性质而引人瞩目。已有20年历史的周坪地震观测台站,专为观测这一断裂的近期活动而设立。

该断裂位居黄陵背斜的西南缘发育,全长93km,总体走向335°~350°,距三峡大坝最近的直线距离为20km。习惯上将该断裂分为南、北、中三段。实习区所见者为这一断裂的北段部位。它北起风吹坪、南经仙女山、周坪等地,为狭义仙女山断裂的展布场所(图4-11)。

断面倾向NW、倾角70°左右,截切了寒武系—三叠系和白垩系。破碎带宽10~100m,带内发育构造片岩、糜棱岩、角砾岩、碎裂岩和断层泥等构造岩与构造透镜体,在断裂面上,经常

图 4-11 仙女山断裂的构造擦痕(被方解石充填,2016)(左为西陵峡村委会,右为界垭)

可见大量近水平产状的擦线,在断裂附近往往发育有牵引褶皱、次级断裂等派生构造。断裂的多期活动性明显,早期为顺时针扭动,中期以压性为主,晚期则主要表现为张扭特点。

在新构造运动时期该断裂的活动特点显著,其构造地貌特征明显可辨,主要表现为谷地形态的倒置现象和侵蚀阶地的不对称发育特点。例如,在仙女山断裂途经的周坪河谷,就出现了上游河谷具宽阔的"U"字形、下游河谷具狭窄"V"字形的谷地形态倒置现象;在花桥场仙女山断裂经过处的河谷阶地,其东西两侧同一对应阶地的高程,就发生了 2～3m、7～8m、8～10m 及 15m 不等的量级高差。

有关单位对仙女山断裂的新近活动采取热释光、光释光及电子自旋共振方法进行了测龄研究,发现其最老值为 200 万年,最新值为 15 万年左右。在地貌上,沿主干断裂发育的断层崖巍峨挺拔,断裂两侧夷平面变位结果显示,中新世末期以来断裂垂直错距约 200m。河流阶地 T_1-T_4 的变形表明中更新世以来断裂垂直错动 15m。

周坪地震观测台站,观测到仙女山断裂西盘岩块的年均水平位移为 0.056mm,垂直位移 -0.062mm。

综上所述,发育在实习区西缘的仙女山断裂最后一次强烈活动时代为早、中更新世,最新活动年龄为 15 万年左右。其不仅为区域规模的大断裂,而且是现今仍在活动的活断裂。

2014 年 3 月 30 日湖北省宜昌市秭归县(30.9°N,110.8°E)发生 $M_s4.5$ 地震,震源机制为逆冲走滑型。此次地震位于仙女山断裂北端,与 3 月 27 日发生的 $M_s4.2$ 地震相距近 1km。地震发生后,地震研究所分析预报组积极做出科学应急响应,利用地震地质、GNSS、重力、定点形变等专业监测资料进行处理分析,从地球物理背景场的角度对该地震进行了综合研究。

2.奥陶系与志留系的观察与描述

1)奥陶系

奥陶系由老到新排列如下。

(1)南津关组(O_1n)。南津关组分为四段:一段(O_1n^1),为深灰色中层砾屑生物屑灰岩、鲕粒灰岩、泥晶灰岩夹白云岩、泥岩;二段(O_1n^2)为浅灰色—灰白色厚层微晶—细晶白云岩夹中层状亮晶含砾砂屑、粒屑粉细晶白云岩;三段(O_2n^3)为浅灰色—深灰色厚层夹中层状亮晶含砾砂屑、鲕状灰岩、硅质条带发育;四段(O_2n^4)为灰白色厚层—中厚层鲕状灰岩,含砾屑、生物屑、砂屑灰岩,间夹薄层泥晶灰岩。

(2)分乡组(O_1f)。下部为灰色中厚层灰岩夹灰绿色薄层状泥岩;上部为薄层生屑灰岩夹泥岩。

(3)红花园组(O_1h)。灰色、深灰色中—厚层状夹薄层状灰岩,下部偶夹页岩。

(4)大湾组($O_{1-2}d$)。上部为黄绿色薄层粉砂质泥岩夹生屑灰岩或呈不等厚互层状。中部为紫红色、灰绿色或浅灰色薄层生物碎屑泥晶灰岩、瘤状灰岩、夹钙质灰岩。下部为灰绿色、深灰色、浅灰色薄层灰岩间夹极薄层黄绿色页岩。

(5)牯牛潭组(O_2g)。青灰色、灰色及紫灰色薄至中厚层状灰岩、砾屑灰岩与瘤状灰岩互层。

(6)庙坡组($O_{2-3}m$)。黄绿色、灰黑色钙质泥岩、粉砂质泥岩、黄绿色页岩夹薄层生物碎屑灰岩,富含笔石。

(7)宝塔组(O_3b)。灰色、浅紫红色或灰紫红色中厚层收缩纹灰岩夹瘤状灰岩,以产头足类化石为特点(图4-12)。

(8)五峰组(O_3w)。黑灰色、黄褐色或浅紫灰色含石英粉砂黏土岩,黏土岩,产壳相动物群。黑灰色微薄层—薄层状含有机质石英细粉砂质水云母黏土岩,夹黑灰色微薄层—薄层状微晶硅质岩。

图4-12 奥陶系宝塔组的角石化石

2)志留系

志留系从老到新分列如下(参见表4-1)。

(1)龙马溪组(O_3S_1l)。黑色、灰绿色薄层粉砂质泥岩、石英粉砂岩夹薄层状石英细砂岩、黄绿色粉砂质泥岩、泥质粉砂岩,夹钙质泥岩透镜体。

(2)罗惹坪组(S_1l)。下部为黄绿色薄层粉砂质泥岩夹瘤状或薄层状灰岩,上部为深灰色薄层—中层泥灰岩,生屑灰岩为主,泥岩为陆相沉积物,灰岩为海相沉积物。

(3)纱帽组(S_1sh)。灰色薄层粉砂岩、中厚层岩屑石英砂岩夹泥岩,顶部岩性为中厚层细粒石英砂岩夹粉砂岩。

第五章 矿产资源开发与环境实习

第一节 白云岩与灰岩矿开采和环境

路线 基地→高家溪→雾河村→基地。

任务

(1) 了解石灰岩、白云岩矿用途。

(2) 了解矿区土地复垦和生态恢复。

知识链接

1. 石灰岩

岩石多为灰色、灰黑色或灰白色,纯石灰岩呈青灰色,断口浅灰色,呈贝壳状。硬度3~4,相对密度2.5~2.8。遇稀盐酸会剧烈起泡,不溶于水,易溶于饱和硫酸,能与各种强酸发生反应并形成相应的钙盐,同时放出CO_2气体。石灰岩煅烧至900℃以上(一般为1000~1300℃)时分解转化为石灰(CaO),同时放出CO_2气体。

碎屑间的填隙物为$CaCO_3$,其中粒径大于0.01mm者,常为透明的方解石微粒,称为亮晶,是$CaCO_3$的化学沉淀物,相当于胶结物;粒径小于0.005mm的方解石微粒,称为泥晶,是机械混入物,相当于基质。

具有碎屑结构的石灰岩可以根据碎屑构成者称为内碎屑石灰岩,如竹叶状石灰岩,其碎屑形似竹叶,直径由数厘米到数十厘米;生物碎屑构成者称为生物碎屑石灰岩;由球粒、团状、鲕粒、豆粒构成者分别称为球粒石灰岩、团块石灰岩、鲕状石灰岩、豆状石灰岩。

应该说明,当碎屑粗大时,肉眼易于识别出碎屑结构;如碎屑细小,肉眼较难观察时,可用水将岩石湿润或用稀盐酸腐蚀岩石表面,碎屑结构的特征便可显示出来。

非碎屑结构石灰岩也包括多种类型,如泥晶石灰岩系由粒径小于0.005mm的方解石微粒组成,岩石极为致密,方解石微粒系由生物化学作用等方式形成。比如钙华也可以看成是具有非碎屑结构的石灰岩,它是纯化学成因的。礁灰岩则是具有生物骨架结构的石灰岩,其中有珊瑚骨骼作为支撑骨架者则称为珊瑚礁石灰岩。

2. 白云岩

白云岩由白云石组成,遇冷的稀盐酸不起泡。岩石常为浅灰色、灰白色,少数为深灰色。断口呈粒状。硬度较石灰岩略大,岩石风化面上有刀砍状溶蚀沟纹。

白云岩具有不同成因,部分白云岩是在气候炎热干旱地区的咸度增高的海水中由化学方式沉淀而成,部分白云岩是$CaCO_3$沉积物在固结过程中被富含镁质海水作用后,方解石被白云石交代置换而成。由化学作用沉积的白云岩具有晶质结构,晶粒为细粒或微粒,由交代置换作用形成的白云岩常保留原有白云岩的结构。

3. 矿区土地复垦的方法

(1) 将矿坑用采矿废弃物填埋,在表面覆盖上 50cm 左右的熟土,并平整土地,施用有机肥与无机肥,并种植绿肥植物,待其成熟后翻入土壤,增加土壤肥力。之后便可以在复垦土地上发展种植业、林业、养殖业等。

(2) 当矿坑较大不易填埋时,可以直接在岩壁打孔塞土,在孔中种植相应植物,通过生物风化的方法,逐渐在岩壁上形成土壤。

(3) 当矿坑较深时,可以用机械手段将其进一步挖深,发展为鱼塘,而挖出的废渣则充填到矿坑较浅的位置,并覆盖表土,可以继续发展种植业、养殖业等,形成一个立体的生态农业模式,实现生态效益与经济效益的双赢。

No.01 石灰岩矿开采

任务

(1) 识别石灰岩开采点的地层。

(2) 石灰岩的工业用途。

点位 雾河村艾明石灰厂。

GPS $111°02'28.86''E,30°46'48.81''N;H=661m$。

点义 石灰岩的开采与环境恢复、土地复垦。

描述 此处矿山的石灰岩(非金属矿产)为灯影组二段深灰黑色薄层泥质灰岩(图 5-1)。灯影组二段 Z_2dn^s 岩性为深灰色、灰黑色薄层含硅质泥晶灰岩,偶夹燧石条带、极薄层泥晶白云岩,呈条带发育。石灰岩一般呈致密块产出,颜色常为灰白色、浅灰色、灰色、深灰色、浅黄色及浅红色等。

图 5-1 灯影组二段石灰岩采矿区(侯林春,2015)

石灰岩用途很广,是国民经济各个部门和人民生活中必不可少的原料。主要用途有:建筑工业中用来生产水泥和烧制石灰;冶金工业中用作熔剂;化学工业中用来制碱、漂白粉及肥料等;食品工业中用作澄清剂;农业生产中用于改良土壤;塑料工业中用作填料;涂料工业中广泛用于做各种建筑涂料;造纸工业中用作碱性填料;橡胶工业中用作橡胶的基本填料;环保工业中用作吸附剂。

No.02 白云岩矿开采

任务 白云岩矿点地层层位和白云岩矿用途。
点位 雾河村(土三路 36km～200m 处,铜丰矿业有限公司采矿场)。
GPS 111°02′59.98″E,30°46′28.79″N;$H=686$m。
点义 白云岩矿开采和环境恢复、土地复垦。
描述 此处白云岩矿点所属地层为灯影组三段的灰白色厚层—中厚层状白云岩(图 5-2、图 5-3)。此处白云岩为细晶白云岩,在新鲜面上可见许多闪闪的小光点,属于亮晶白云岩。白云岩矿的主要用途是作为建筑材料,用于铺路。在采好的矿石上不断冲水,可以防止扬灰,也能对矿石进行降温。

图 5-2 灯影组三段白云岩采矿区(侯林春,2015)

白云石广泛用于建材、陶瓷、焊接、橡胶、造纸、塑料等工业中。另外在农业、环保、节能、药用及保健等领域也得到了应用。

1. 在冶金工业上的应用

白云岩在冶金工业中主要用作熔剂、耐火材料、提炼金属镁和镁化物。

2. 在建材工业上的应用

白云岩经适当煅烧后,可加工制成白灰(CaO),它具洁白、强黏着力、凝固力及良好的耐火、隔热性能,适于做内外墙涂料。将白云岩煅烧后,可用作氯化镁水泥和硫化镁水泥,因其具有良好的抗压强度、抗挠曲强度,且能防火、防虫蛀的优良性能,在添加其他填料后可起到很好的防水作用,故可做地板材料,而且价格低廉。白云岩粉可用于裂隙处理和作路面铺料及水泥砂浆烧结渣。

图 5-3 灯影组白云岩内方解石脉穿插水晶洞（王旭，2015）

3. 在化学工业的利用

白云石主要用于生产硫酸镁、轻质碳酸镁等化工原料。30%的稀硫酸和白云石按一定比例混合、反应、分离浓缩，在温升条件下使硫酸钙沉析，所获硫酸镁溶液冷却结晶，即得硫酸镁（$MgSO_4 \cdot 7H_2O$）。从海水中提取 $Mg(OH)_2$，当用煅烧白云石作沉淀剂时，也同时回收了白云石中的 MgO，使产量增加。白云石以煅烧、消化、碳化、过滤分离，得重镁水，再加热分解过滤，得轻质碳酸镁[$xMgCO_3 \cdot yMg(OH)_2 \cdot zH_2O$]。轻质碳酸镁分解得轻质氧化镁，用它可烧制高纯镁砂。

4. 在农业上的利用

白云岩主要用作酸性土壤的中和剂，使用它能补偿由于农作物吸收而带来的土壤中钙和镁的损失，施用白云岩可使农作物增产 15%～40%。方解石质白云石经处理后的农用石灰，可作为农药来防治害虫。

5. 用作填料

白云岩可用于橡胶、造纸的填料。优质的白云岩粉可做昂贵的二氧化钛填料的代用品，用作一些制品的填料，可改善制品的色度、耐风化能力，提高机械稳定性，减少收缩性和内部张力，降低吸水、吸油能力及裂缝的扩张。这类制品主要包括黏合剂、密封塑料、油漆、洗涤剂和化妆品等。

第二节　金矿资源开采与环境

路线　基地→月亮包金矿→基地。

任务

(1) 掌握矿山环境问题的调查与分析方法。
(2) 了解矿山环境恢复治理和土地复垦措施。
(3) 尾矿库及其建设。

知识链接

1. 尾矿及尾矿设施

尾矿是矿山采出来的矿石经选矿厂选出有用的物质后,剩下的像沙一样的"废渣",也就是矿石经选出精矿后剩余的固体废料,一般是由选矿厂排放的尾矿矿浆经自然脱水后形成的固体废料。

由于技术及经济原因,有些尾矿中还含有暂时不能回收利用的有用成分,如果随意排放,一方面会造成资源流失。另一方面,尾矿会大面积覆没农田,淤塞河道,形成安全隐患,破坏生态环境。尾矿及尾矿水中往往含有大量的金属及其他化学成分,随意排放会造成严重的环境污染,破坏农业生产,污染地方饮用水等。因此,尾矿必须妥善处理,应采取可靠的方式储存起来且不许流失,尾矿中的水也应当达到排放标准后才能外排。

2. 尾矿库的建设要求

(1) 库区必需建在山洼处,防止其污水渗到其他地方。
(2) 库区必需用围墙包围。
(3) 在尾矿上覆盖一层砂土保护层。
(4) 在建库时,用土工布和防渗材料将库底和库四周进行覆盖,防止有毒物质渗出。
(5) 对尾矿物进行沉淀和简单的物理化学处理,循环使用,减少污染。采用一定的化学工艺,将尾矿物进行无害化处理,或是变废为宝,尽量使尾矿物无害、有用。

3. 尾矿库选址的基本原则

正确选择尾矿库库址极为重要,设计时一般须选择多个库址,进行技术、经济比价后确定。寻找库址应综合参照下列原则。

(1) 不宜位于工矿企业、大型居民区、水源地、水产基地的上游。
(2) 不应位于全国或省重点保护名胜古迹的上游。
(3) 应避免地质构造复杂,不良地质现象严重的地区,以减少处理费用。
(4) 不宜位于有开采价值的矿床上部,避免压矿给矿床的开采造成困难。
(5) 库区汇水面积要小,纵深要长,纵坡要缓,以减少排洪系统的规模。
(6) 库区口部要小,"肚子"要大,可使初期坝基建的工程量小,库容大。
(7) 一个尾矿库的库容力求能容纳全部生产年限的尾矿量。如确有困难,其服务年限以不少于五年为宜。
(8) 库址离选矿厂要近,最好位于选矿厂的下游方向,这样可使尾矿输送距离缩短,扬程小,且可减少对选矿厂的不利影响。
(9) 尽量不占或少占农田,不迁或少迁村庄。

4. 尾矿库的土地复垦要求

(1) 首先,用防渗材料做好尾矿的隔离,防止尾矿下方及周边的土壤受到污染。
(2) 其次,对尾矿进行相应化学处理,减小尾矿的污染能力。
(3) 同时,在尾矿上方覆盖砂土或者土壤,种植相应植被,通过生物作用降低尾矿的污染。
(4) 最后,引入根瘤菌和固氮菌,或加入微生物活化剂,提高尾矿库土壤土地肥力,加速植被对污染物的降解能力。

No.01 月亮包金矿

任务
(1)金矿废渣的地质环境问题调查。
(2)了解矿山的基本地质背景、开采层位、基本岩性、开采的矿种、产量等。
点位 金山金矿对面小溪旁。
GPS 110°54′25.09″E,30°42′50.09″N。
点义 金山金矿围岩废渣抛弃的观察点。
描述 该金矿处于侵入岩体中的石英岩脉中,侵入岩脉分三期,第一期为白色,第二期为烟灰色,第三期伴有方解石和碳酸盐岩。洞里有水向外排出,流量较小,说明洞内围岩裂隙不发育或裂隙不连通或会水面积小。

金矿所在岩体为太平溪岩体,岩性为灰色中粗粒黑云角闪英云闪长石。金属元素主要含在岩体中的石英脉中,同时还有银矿、铜矿等。石英脉含金矿石主要由石英组成,其含量为50%~95%。金属矿物含量为0~15%,黄铁矿是最主要的硫化矿物,其次还有磁黄铁矿以及少量方铅矿、黄铜矿、闪锌矿。黄铁矿(FeS_2)因其浅黄铜色和明亮的金属光泽,常被误认为是黄金,故又称为"愚人金"(图5-4)。

图5-4 脉石英中的黄铁矿[二硫化亚铁(FeS_2)](侯林春,2015)

打地下岩洞采用的是削壁充填的方法。主脉的方向是310°~340°,矿口高程为480m,采出的主要是石英闪长岩。主缘:3.6m的断面,侧缘2m。金矿采取自然通风,最低矿坑高程为335m。

选矿采用全泥氰化法。具体流程是首先把含金的矿石碾成200目,接着用锌粉沉淀,得到金矿。金矿处理大致有两个步骤,先是用氰化物洗矿,再用汞浆洗矿后,零散的金粒聚集而形成块状金块(图5-5)。而这些废液则是重大污染源头,若是处理不当,会对周围环境以致河流所经之地造成不可恢复的环境污染。

该矿已连续采了近20年,每年黄金产量80kg左右,白银20kg左右。黄金的市场价格为16~18万元/kg。据该矿技术人员介绍,选矿使用的含氰废水已被采用循环使用,减少了对环

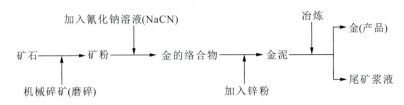

图 5-5　月亮包金矿选矿工艺流程图

境的污染。由于此矿围岩整体性较好,没有发生塌方等事故,但有时会因操作不当,在爆破时发生矿难事故。重金属释放,随着地表径流释放到环境中去,对环境造成污染。废渣占用耕地,对耕地的生态恢复造成了一定的影响(图 5-6)。

图 5-6　金矿围岩矿渣堆积区(侯林春,2015)

No.02　尾矿库建设

任务

(1)查尾矿库的地质环境问题。
(2)查尾矿库的建设、运营情况。
(3)调查矿区生态恢复和土地复垦的现状。
(4)尾矿库选址的适宜性问题;
(5)观察尾矿库的建设对周围环境的影响。

点位　月亮包金矿尾砂库受影响的废弃地。

GPS　111°56′41.00″E,30°47′45.02″N;$H=399m$。

点义　尾砂(矿)库的建设与管理观察点。

描述

1. 金山矿区尾矿库简介

尾矿库始建于 1987 年,属金矿尾渣库(图 5-7)。日存放金矿尾渣 50t,日产生废水 125m^3。月亮包金矿新尾矿库位于原尾矿库下方,占地 9480m^2,库容 180 000m^3,采用块石和

图 5-7　尾矿库内堆放的尾矿（侯林春，2015）

图 5-8　金矿尾矿库坝体（侯林春，2015）

水泥砂浆砌筑，坝长约 85m，坝顶标高 414m，坝底标高 392m，坝顶宽 4m（图 5-8）。坝体内侧铺设土工布和高密度聚乙烯（HDPE）防渗膜，服务年限 15 年。尾矿库下方约 150 亩的田地是被政府收购，不能在其上种庄稼，而且每隔 50m 都会有一条排水沟，都是用水泥砌成，防止其污水渗入土中对耕地造成污染。由于尾矿库一般气味不好，所以应建在下风向，以免影响当地的空气质量。

2. 秭归金山公司存在的环境地质问题

从尾矿库坝下面的排水沟里流出的水明显受到尾矿物的污染，坝的渗透性没有控制好；尾矿物堆积在库里，未经任何处理，有污染隐患；废弃矿洞未经处理，有发生塌陷的危险。矿渣堆放产生的环境地质问题和生态恢复、土地复垦问题。秭归金山公司开采金矿时，产生的矿渣很多，公司为了省事，直接将其堆放在附近一处平地上，破坏植被，改变了当地的地形地貌。希望学生通过实习，了解矿区土地复垦和生态恢复状况。

第六章　旅游资源开发实习

第一节　地质遗迹资源开发

路线　基地→链子崖→基地。

任务

(1)链子崖景区地质灾害主题公园规划布局与服务设施的观察。

(2)链子崖景区地质灾害主题公园的主题模块的观察(地质灾害、图腾文化、楚文化、屈原文化、归乡寺)。

(3)观察景区的规划布局,了解各景点的分布;观察新滩滑坡遗址。

(4)绘制地质公园景区规划图,并标注主要景点。

(5)了解地质旅游资源的分类。

点位　链子崖风景区神坛处。

GPS　110°47′48.09″E,30°56′00.38″N;$H=355m$。

点义　链子崖风景区地质灾害主题公园(图6-1)。

图6-1　三峡链子崖风景区门区(侯林春,2015)

知识链接

1. 三峡国家地质公园

1)地质公园

地质公园具有特殊的科学意义,稀有的自然属性,优雅的美学观赏价值,具有一定的规模和分布范围的地质遗迹景观为主体;融合自然景观与人文景观并具有生态、历史和文化价值;以地质遗迹保护,支持当地经济、文化教育和环境的可持续发展为宗旨;为人们提供具有较高科学品位的观光游览、度假休闲、保健疗养、科学教育、文化娱乐的场所,同时也是地质遗迹景观和生态环境的重点保护区,地质研究与科普教育的基地。

2) 地质公园规划五原则

(1) 保护第一,开发第二,坚持保护地质遗迹与地方经济发展紧密结合。

(2) 以地质遗迹景观为主体,不设置人造景观和大型的旅游服务设施,注意保护景观的原汁原味。

(3) 稀有性和精华性。

(4) 观光旅游,文化旅游与科普教育相结合,面向大众,服务于大众,提高旅游质量。

(5) 注意协调好地质公园环境效益、社会效益和经济效益之间的关系。

3) 三峡国家地质公园概况

长江三峡国家地质公园(湖北)西自恩施州巴东县,东抵宜昌南津关,规划建设总面积2500 km²。行政区划涉及巴东、秭归、兴山县和宜昌市夷陵、点军、伍家区,是国土资源部批准建设的第三批国家地质公园,该园建设期为2005年至2015年。长江三峡国家地质公园(湖北)可归纳为"一馆、二带、9园、11区、46点"。"一馆"即三峡地质博物馆。"二带"指分别以长江三峡和宜昌—巴东高速公路为交通枢纽线的地质遗迹走廊带。"9园"为9个地质遗迹集中分布区[秭归元古宙园、西陵峡震旦纪园、晓峰寒武纪园、黄花奥陶纪园、新滩地质灾害防治纪念园(志留纪园)、兴山晚古生代园、巴东三叠纪园、归州侏罗纪园和宜昌白垩纪园]。"11区"即11个地质遗迹保护区。"46点"即46个地质遗迹保护点(图6-2)。

图6-2 三峡链子崖景区导游图(陈玉 绘,侯林春 核,2015)

4) 地质遗迹景观分类

地质遗迹是在地球历史时期,由内力地质作用和外力地质作用形成的,它反映了地质历史演化过程和物理、化学条件或环境的变化。地质遗迹是人类认识地质现象、推测地质环境和演变条件的重要依据,是人们恢复地质历史的主要参数。地质遗迹是不可再生的,破坏了就永远不可恢复,也就失去了研究地质作用过程和形成原因的实际资料。地质遗迹景观分类如表6-1。

表6-1 地质遗迹景观分类表

大类	类	亚类
一、地质(体、层)剖面大类	1.地层剖面	(1)全球界线层型剖面(金钉子)
		(2)全国性标准剖面
		(3)区域性标准剖面
		(4)地方性标准剖面
	2.岩浆岩(体)剖面	(5)典型基、超基性岩体(剖面)
		(6)典型中性岩体(剖面)
		(7)典型酸性岩体(剖面)
		(8)典型碱性岩体(剖面)
	3.变质岩相剖面	(9)典型接触变质带剖面
		(10)典型热动力变质带剖面
		(11)典型混合岩化变质带剖面
		(12)典型高、超高压变质带剖面
	4.沉积岩相剖面	(13)典型沉积岩相剖面
二、地质构造大类	5.构造形迹	(14)全球(巨型)构造
		(15)区域(大型)构造
		(16)中小型构造
三、古生物大类	6.古人类	(17)古人类化石
		(18)古人类活动遗迹
	7.古动物	(19)古无脊椎动物
		(20)古脊椎动物
	8.古植物	(21)古植物
	9.古生物遗迹	(22)古生物活动遗迹
四、矿物与矿床大类	10.典型矿物产地	(23)典型矿物产地
	11.典型矿床	(24)典型金属矿床
		(25)典型非金属矿床
		(26)典型能源矿床

续表 6-1

大类	类	亚类
五、地貌景观大类	12.岩石地貌景观	(27)花岗岩地貌景观
		(28)碎屑岩地貌景观
		(29)可溶岩地貌(喀斯特地貌)景观
		(30)黄土地貌景观
		(31)砂积地貌景观
	13.火山地貌景观	(32)火山机构地貌景观
		(33)火山熔岩地貌景观
		(34)火山碎屑堆积地貌景观
	14.冰川地貌景观	(35)冰川刨蚀地貌景观
		(36)冰川堆积地貌景观
		(37)冰缘地貌景观
	15.流水地貌景观	(38)流水侵蚀地貌景观
		(39)流水堆积地貌景观
	16.海蚀海积景观	(40)海蚀地貌景观
		(41)海积地貌景观
	17.构造地貌景观	(42)构造地貌景观
六、水体景观大类	18.泉水景观	(43)温(热)泉景观
		(44)冷泉景观
	19.湖沼景观	(45)湖泊景观
		(46)沼泽湿地景观
	20.河流景观	(47)风景河段
	21.瀑布景观	(48)瀑布景观
七、环境地质遗迹景观大类	22.地震遗迹景观	(49)古地震遗迹景观
		(50)近代地震遗迹景观
	23.陨石冲击遗迹景观	(51)陨石冲击遗迹景观
	24.地质灾害遗迹景观	(52)山体崩塌遗迹景观
		(53)滑坡遗迹景观
		(54)泥石流遗迹景观
		(55)地裂与地面沉降遗迹景观
	25.采矿遗迹景观	(56)采矿遗迹景观

景区描述

长江三峡国家地质公园链子崖景区位于秭归县屈原镇境内长江西陵峡中,屹立于兵书宝剑峡和牛肝马肺峡之间。景区包含两大模块:文化模块,如图腾文化、楚文化以及屈原文化;地质灾害模块,如新滩滑坡遗址、链子崖危岩体。

1. 文化模块

1) 古山川祭坛

古以神道、祭坛、图腾石柱为依托,山川祭坛通过火神化链、神道敬祖等表现形式,再现了古代三峡的楚俗民风。雄伟的图腾柱都是花岗岩雕刻而成,周围是苍龙、玄武、白虎、朱雀天然四象和二十八星宿,中间是一个中国最大的天灯(图6-3)。

2) 归乡寺

归乡寺因纪念屈原归乡而得名,已有2000多年历史,现在经过重新恢复,有财神殿、顺星殿、观音殿,供人们祈福许愿(图6-4)。并且通过观看纪念屈原的大型招魂表演,感受屈原忧国忧民和为理想而献身的精神。

图6-3 古山川祭坛(侯林春,2015)　　　图6-4 归乡寺(侯林春,2015)

3) 青滩人家

青滩亦称"新滩"。新中国成立以前,是长江三峡中最繁华的一个集镇。岩崩和滑坡造成了长江巨滩,新滩便成为了长江重要的转运港。新滩人通过了放滩、绞滩、领江、拉纤、商贸等生计,发展起来河铺子、饭馆、酒馆、茶馆、旅馆、手工业榨坊、磨坊、染坊、铁铺银坊等。通过恢复青滩吊脚楼、古民居、古作坊等,伴着峡江民歌,展现出古代峡江居民欢快质朴的生活和青滩古镇悠久的人文历史。

4) 巴巫寨

神秘的巴巫寨,曲径通幽,路路相通,洞洞相连,怪石丛生,别有洞天。主要景点有"飞龙现天""山神坛""求子洞"、古木化石群——"煤的形成"、天然摩崖石刻——"山神像"、巴人敬奉的原生图腾——"白虎岩"、自燃自熄的"蛤蟆石天灯"等。

5) 崖上人家

链子崖山高坡陡,峡深谷幽,遗存着鲜为人知的古村落——链子崖村,30多户几乎是同一家族的后裔,原始而古朴,真切而自然。百丈悬崖上的铁链是上下山唯一通道,维系着链子崖崖上人的全部生活。曾经象征封闭、贫困的古道"链子天梯"书写着链子崖村一段久远的历史。

2. 地质灾害模块

1)链子崖危岩体(图6-5)

(1)危岩体。斜坡岩体中被陡倾的张裂隙面分割,而且具有临空面,有崩塌的岩石块体。

(2)危岩体形成条件。①岩性:厚层坚硬岩体。②裂隙:尤其是平行临空面的陡倾张裂隙。③地形条件:地形强烈切割,高陡斜坡,一般坡度大于45°,即地形切割强烈,高差愈大,潜力越大,动量和动能越大。④气候条件:干旱半干旱区,由于物理风化强烈,季节变化导致孔隙水冻胀等。⑤其他因素:如短时裂隙静水压力、地震、爆破等。

(3)链子崖危岩体介绍:链子崖危岩体位于长江南岸兵书宝剑峡出口陡崖处,与新滩滑坡隔江相望。陡崖由坚硬的二叠系栖霞组灰岩夹多层薄层碳质条带钙质泥岩组成,底部有1.6~4.2m的煤系地层。由于卸荷、风化、溶蚀作用以及崖下煤层大面积采空,造成陡崖临空地带的灰岩岩体不均匀变形,追踪近南北和近东西向的两组构造裂隙,形成一系列与临空面近平行的张裂缝。

(4)防治工程。①锚固工程:针对缝区进行预应力锚索。②抗滑栓:对岸底平碹煤层部位,加设抗滑栓,以增大岩体沿煤层面的抗滑力。③防水工程:裂缝盖板,排水沟系统。④猴子崖拦石墙工程。

2)新滩滑坡遗址(图6-6)

(1)滑坡要素包括:滑坡体、滑床、滑面、滑坡周界、滑坡后壁、阶地、洼地、裂缝、滑坡舌、滑坡中轴(主滑方向)。

图6-5 链子崖危岩体　　　　图6-6 新滩滑坡遗址

(2)滑坡的形成因素包括:地形地貌;如果是土质滑坡,主要为滑坡的物质组成,岩体滑坡主要为岩性、产状、裂隙发育情况;地下水对其影响;人为因素。

(3)监测工程包括:地表监测手段,地表巡查和地表位移变形监测;深部监测手段,使用钻孔倾斜(倾斜)仪和应力计,测地下水(孔隙水压力、水头)。

(4)滑坡治理措施包括①绕:回避。②削:削地卸荷、削坡压脚。③挡:抗滑桩、挡土墙。

④排:截水沟、排水沟即排地下水和地表水。⑤护:护坡。⑥改:改变滑体物质性质。

3)新滩滑坡

新滩属软硬岩层相间分布区,走向垂直于长江河道,向西倾斜,形成陡崖缓坡,加上岩层节理发育,在流水的作用下形成一道道溶蚀岩缝、冲沟,一旦岩层重力失去平衡更容易发生岩崩、滑坡等山体变形。

湖北省秭归县新滩镇长江北岸岸坡于 1985 年 6 月 12 日发生巨型堆积层滑坡。滑坡体土石总体积约 $3 \times 10^7 \mathrm{m}^3$,将千年古镇——新滩镇全部摧毁,并堵塞了 1/3 的长江江面。由于湖北省西陵峡岩崩调查工作处等单位对该滑坡进行了 10 余年调查研究和动态监测,较准确地做出了临滑警报,当地政府及时组织群众撤离险区,致使滑坡区内新滩镇无一人伤亡,幸免了一场大的灾难。

第二节 峡谷地貌景观开发

路线 基地→三峡竹海景区→基地。

任务

(1)泗溪峡谷形成与演化过程。

(2)绘制三峡竹海景区规划图。

(3)泗溪峡谷地貌开发方式。

(4)景区服务设施配置。

点位 三峡竹海五叠泉处。

GPS $110°54'26.37''\mathrm{E},30°42'51.29''\mathrm{N};H=333\mathrm{m}$。

点义 三峡竹海旅游景区的开发与峡谷地貌演化观察点。

知识链接

1)峡谷形成的原因

峡谷最基本的成因有两个,即地壳抬升与流水下切,这是地球内外力地质作用对立统一的结果。峡谷主要是在新构造运动中形成的,也即是在第三纪末期以来发生地壳的抬升地区形成的。地壳边抬升,流水边切割,经历数百万年的地质时期才形成今天的峡谷景观。

岩性与构造条件也会影响峡谷的形成。岩性坚硬而性脆,在这种岩体中容易发生较大断裂,同时岩性坚硬又使两岸谷坡易于保存;而构造条件要求有断裂通过,使流水易于切割形成谷地。

2)峡谷的分类

根据峡谷所处的河段及其形态和地质作用的差异,可将峡谷分为以下两类。

第一类是位于河流中上游主河道上的峡谷。这类峡谷除了具备峡谷的一般特点外,突出的是规模较大,江面宽,流量大,可通航,流水以垂直侵蚀作用为主。

第二类是河流支流接近河源地段的峡谷。这类峡谷最大的特点是具有山区溪流性谷地的特征。谷地更狭窄,两岸更陡峭,横剖面"V"字形更明显;纵剖面上坡降更大,多跌水、深潭与小瀑布。流水垂直侵蚀作用与溯源侵蚀均很强烈。峡谷中多堆积来自两岸及上游由于崩塌作用而形成的巨大块石。此类峡谷水量较小,水浅而一般不可通航。

3)国内外峡谷型生态旅游景区开发(表6-2)

(1)国外峡谷型生态旅游景区开发的重要前提均包括对景区自然景观和自然生态的保护,而我国的峡谷型生态旅游景区开发模式尚有待完善,开发生态旅游的指导思想也处于启蒙阶段。

(2)为特种旅游而开发的国外著名峡谷,特别重视自然生态的严格保护,并且均作为生态科教的野外基地,而国内此类开发尚处于起步阶段,且以发展旅游经济为目的,对游客的生态教育和人文关怀意识还有待提高。

表6-2 国内外峡谷旅游景区开发比较(王爱国等,2010)

	峡谷名称	区位	开发模式	产品类型	开发特点
国外	科罗拉多大峡谷	美国亚利桑那州西北部	美国国家公园的开发模式	生态观光、探险科考、徒步拓展、野营、生态度假	严格保护自然环境,注重科学和生态教育,旅游方式和产品的多样化
	立山黑部峡谷	日本富山县	休闲度假旅游综合开发模式	开辟专门的度假区,形成了不同档次的度假产品	自然景观和人文景观结合,提供多样的观景方式,注意自然景观的保护
	乌杜邦峡谷	美国旧金山	社区开发模式	环境教育产品	环境教育模式,志愿者服务,非盈利性质的公益性组织
国内	虎跳峡	云南省中甸县	观光旅游、徒步探险和极限运动综合开发模式	观光、徒步和探险	突出峡谷旅游的特色,地方居民积极参与,但开发层次低、投入少
	怒江大峡谷	滇西北"三江交流"国家级风景区的核心地带	集生态、文化、科考三位一体的开发模式	生态旅游产品、民族风情和科考旅游产品	人文和自然资源的结合,民俗文化、科考旅游的产品化经验
	金丝大峡谷	陕西省商南县	构筑以森林公园为主体的旅游业骨架开发模式	文化观光、科普教育、休闲度假、森林旅游	以森林公园为契机,把生态旅游作为强县富民的新产业

景区描述

1. 三峡竹海景区

三峡竹海生态风景区又名泗溪生态旅游区,位于湖北省秭归县茅坪镇境内,地处长江南岸,旁依三峡大坝。路幽径远,风清气爽,内有翠竹万亩,名竹三百,沿溪沿路,漫山遍野,有风拂过,竹浪如海,因此而得名(图6-7)。

三峡竹海旅游区自然景观融山、竹、树、洞、瀑为一体。山景奇特,有玉兔峰、枫竹岭、"金鸡报晓""人与佛"等自然景观。泗溪水景优美,竹海浴场泛竹排,藤桥上面看怪,碧水长阶赏水花,土地岩边找迷泉。泗溪竹类多达300余种,面积达10 000多亩,有国家保护树种铜钱树,俗称"摇钱树"。溶洞比较发育,有龙王洞、白岩洞、鱼泉洞等近10个洞穴(图6-8)。

境内三吊水瀑布落差高达389m,是少见的高瀑布之一,分三级飞流直下,雾气冲天,彩虹横跨。区内有典型溶洞发育,水资源丰富,形成树枝状水系,瀑布飞洞,激流奔腾,植被茂密,温暖湿润,四季分明。这里有猕猴、野山羊等几十种野生动物繁衍栖息,为景区平添了无限的生机,是不可多得的生态旅游区。

图 6-7 三峡竹海景区的门区(侯林春,2015)

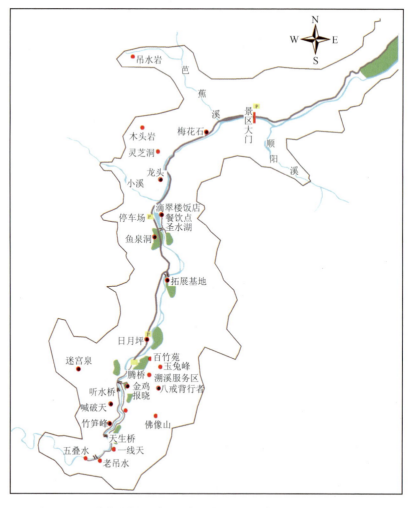

图 6-8 三峡竹海景区景点分布示意图(李金鑫 绘,侯林春 核,2015)

在景区停车场处可以看到弧形的陡崖,这是由早期落水洞与天坑演化而来,沿石龙洞组地层上发育的雁形排列的张节理发育。

三峡竹海生态风景区"八大"特色景观(图6-9)。

圣水天上来——水似天上奔腾而下,却难以探明其源头。

养生在竹海——畅游其中,犹如置身世外,空气清新,令人神清气爽。

天挂五叠水——五级瀑布似天边直挂谷底,高达491m,是亚洲最高的瀑布之一。

图6-9 三峡竹海主景区(左为五叠水,右为滑竹筏)(侯林春,2015)

人间百竹苑——气质独特,孕育了三百多种竹子,是竹文化、竹科普教育极佳之地,也是品味笛箫诗画意境之地。

泛舟圣水湖——竹排荡漾,龙舟起舞,欢歌笑语激情飞扬。

健身柳林寨——智慧和勇气在这里拓展。

溯溪圣水洞——溯溪而上,探寻圣水湖的神秘,求索欢乐源头。

膳食滴翠楼——把酒圣水湖光,对歌滴翠山色,品尝竹海山珍。

2. 三峡竹海生态旅游区景观开发构想

三峡竹海生态旅游区的开发构想,是在对景区原生资源全方位把握的基础上,从山水地形着手,对景区景点进行经营布局。以生态景观为主线,有主有次,有张有弛。规划将全区划分为一个旅游集散中心、两个旅游服务接待点、四大风景游览区。

1)生态旅游区的门户——日月坪集散中心

集散中心设于风景区东北入口日月坪处,主要功能是人流集散、交通换乘等,并规划一定规模的接待床位、餐饮和商业购物等旅游服务设施。景区入口大门规划以生态植物门造型,引水形成叠泉,从视觉形象上渲染感应气氛,成为景区生态景观序列的前奏。

2)千年古洞的探奇——顺阳溶洞探奇区

此区毗邻风景区入口,区内溪水潺潺,山势高峻,以溶洞开发为重点。规划于洞口拦坝蓄水成潭,通过仿古栈道沿悬壁或经由颇有民族情韵的竹吊桥通达洞口,形成融"碧潭、吊桥、古洞"为一体的立体景观。

3) 秀丽山景的揽胜——芭蕉观光游览区

此区植被丰富,环境幽雅,苍山翠岭,流泉飞瀑,造型地貌发育。区内适当选址建揽胜亭,一览谷间群峰——"芭蕉峡—骆驼峰—狮子戏绣球",保护性开发区内两株参天古柏成观赏性景点。此外,区北设一望瀑台,站于台上,旦见北面一"摩崖白练",凌空直下,令人叹为观止。

4) 中华名竹的共享——小溪名竹主题公园

位于景区中部的小溪景区中竹林茂密如海,溪水从林中穿过,景致幽雅而极富文化底蕴。本区开发以竹文化旅游为核心,提高生态旅游区的文化品位。规划在现有竹林基础上,引种名竹,形成中华名竹基地及名竹主题公园。

5) 瀑布奇观的吸引——五叠水休闲生态区

本区深藏幽谷,自然景致绮丽动人,溯溪而上,步移景换,可谓"青山隐隐、水迢迢",是三峡竹海生态旅游区景观序列高潮所在。为使游客更好地领略飞瀑气势,规划在陡坡上开辟盘山小径通达瀑顶。同时,将本区入口处的大溪纸厂改造成造纸作坊,达到科普教育目的的同时增强游客的参与性。作为休闲生态区,区内还规划有野营场、烧烤园、天然浴场、猕猴谷等旅游项目。

6) 旅游区的接待服务次中心——两处旅游服务点

两处服务点分别设在小溪溪口及大溪纸厂处,各建适当规模的餐厅、副食等餐饮服务设施,并在造纸作坊处规划数栋竹篱客舍。考虑到旅游旺季的需求,在客舍不能满足游客量的增长时,拟通过部分民宿来解决,旺季时整理部分民宿空闲房,吸纳高峰时期满溢出来的客人。

第三节 文化旅游资源开发

路线 基地→屈原故里景区→基地。

任务

(1) 了解民俗文化、屈原文化和文化资源开发的方式。

(2) 景区服务设施配置。

(3) 景区景点布局与地形地貌的关系。

(4) 绘制屈原故里景区规划图。

(5) 了解屈原祠的风水特征。

点位 屈原故里景区。

GPS $110°58'51.86''E, 30°49'35.11''N; H=190m$。

点义 文化资源的旅游开发方式观察点。

知识链接

1. 文化旅游

文化旅游立足于文化资源,并强调满足游客的文化需求。一方面,文化旅游是以文化旅游资源为支撑,旅游者以获取文化印象、增智为目的的旅游产品。另一方面,文化旅游是指旅游者为实现特殊的文化感受,对旅游资源内涵进行深入体验,从而得到全方位的精神和文化享受的一种旅游类型。

2. 文化旅游开发模式

常见的文化旅游开发模式可归纳为以下几种类型。

1）整合提升型

整合提升型即整合一个区域或者多个区域的多种旅游文化资源，集中包装、提炼，采用人造景观的方式比拟再现传统文化的模式。

2）原地浓缩型

原地浓缩型即在当地选取合适地段兴建以当地文化旅游为主题的主题园，集中呈现其文化旅游的精华。

3）主题附会型

主题附会型指将文化旅游主题与某一特定功能的旅游业设施结合起来，形成相得益彰的效果。

4）直接利用型

直接利用型即直接把现实的文化旅游资源开发成旅游产品，并保持其原貌的开发模式。

5）短期表现型

短期表现型是指充分利用一些特定的、短暂的文化旅游资源（只存在于很短的时间内，只能激发短暂的旅游人流）促推一定区域旅游业突击发展的开发模式。

6）复原历史型

复原历史型即对已失传的传统文化，按照历史记载，挖掘题材，恢复历史面貌的一种开发模式。

7）虚拟型

虚拟型是指在一些旅游文化资源本来较为贫乏的区域，根据该区域的相关传说或历史故事营造各种自然景观、历史性场景以吸引游客的一种文化旅游开发模式。

3. 风水学

风水是古代先哲们研究天文地理与人类休养生息的一门学问，其核心是气场的优选和优化组合。总体来说，风水学就是人对环境的优选学，是从古代沿袭至今的一种文化现象。风水的本质是气场，核心理论是天人合一。例如，房子依山傍水，还需要注意房子前低后高、中间地平、光线充分、面向东南、南或西南。山在后面让人有安全感、依靠感，水在前面有远见、有智慧、有富裕感，这就是山水给人的气场。

中国风水学主要分为两派：形势派和理气派。形势派注重觅龙、察砂、观水、点穴、取向等辨方正位；而理气派注重阴阳、五行、干支、八卦九宫等相生相克理论，并且还建立了一套严密的现场操作工具，确定选址规划方位。中国风水学无论形势派还是理气派，都必须遵循三大原则：天地人合一原则、阴阳平衡原则、五行相生相克原则。

需要特别指出的是，尽管中国风水学有自己的一套严密推理和工具，但因为缺乏科学性，被定性为玄学。我们可以把中国风水学视为中国传统的人地关系理论进行了解。

景区描述

秭归县屈原故里公园位于湖北省秭归县城东部的凤凰山上，总面积33.33hm²，绿化面积12×10^4m²，含花草树木170多种（图6-10）。园区从2006年始建，经5年全面竣工，是三峡工程截流蓄水后三峡库区古建筑的重要复建地，历史悠久的屈原祠就搬迁在这里。2006年春

图 6-10 屈原故里景区景点分布示意图(张先毓 绘,侯林春 核,2015)

至 2010 年底,屈原故里公园共投资 3000 多万元建成绿化项目 9 个:三峡民居绿化、南北广场绿化、山体植被改造、消防道路绿化、滨湖景观带绿化、屈原祠山门前绿化、电瓶车站绿化、生态停车位绿化、屈原祠建筑群绿化。

1. 屈原故里文化旅游区

屈原故里文化旅游区是国家进行重点文物保护的"4A"级旅游景区,位于湖北省秭归县城东部的凤凰山上,邻接三峡大坝,直线距离大约 600m,是观赏三峡大坝,游览高峡平湖的最佳地理位置。

2. 屈原生平介绍

屈原,名平,字原,约生于公元前 340 年正月初七,卒于公元前 278 年五月初五,享年 62 岁。屈原出身于楚国贵族,楚武王熊通之子屈瑕的后代,中国最伟大的诗人之一。屈原早年受楚怀王信任,任左徒,常与怀王商议国事,参与法律的制定。同时主持外交事务,主张楚国与齐国联合,共同抗衡秦国。在屈原努力下,楚国国力有所增强。但由于自身性格耿直加之他人谗言与排挤,屈原逐渐被楚怀王疏远。由于他的改革主张触及了旧贵族的利益,因而一再地遭谗被贬,直至被流放到湘江流域。眼看郢都被占,理想破灭,他忧愤填膺,怨沉汨罗。屈原生活的年代,正置战国中后期,当时的楚国正由盛转衰。

屈原作品和神话有密切关系,但又关注现实,作品里反映了当时社会中的种种矛盾。《离骚》《天问》《九歌》可以作为屈原作品三种类型的代表。

3. 景区内部规划与主要景点介绍

屈原故里文化旅游区有三大园区,包括以屈原祠、屈原陈列馆、屈原衣冠冢为主要内容的屈原文化旅游园区;以青滩仁村、崆岭纤夫雕塑、牛肝马肺峡原物复建、龙舟博物馆、端午习俗馆、高峡平湖观景平台等为主要内容的峡江文化园区;以峡江皮影、巫术表演、船工号子为主要内容的非物质文化展示园区(图6-11)。

图6-11 屈原故里景区民俗文化表演(侯林春 摄,2015)

1)屈原文化旅游园区

屈原文化旅游园区由屈原广场、屈原祠山门、前殿、南碑廊、北碑廊、南陈列馆、北陈列室、大殿和屈原墓组成。

屈原广场:广场采用与屈原祠中轴对称的手法,中央设过道和旱喷,中心圆的铺装仍采用经典凤纹纹样,与主入口雏凤的主题相呼应。屈原广场旨在表达屈原精神和人格的升华,整个广场以"凤凰涅槃"为主题。

屈原祠山门:屈原祠山门保持了宋代清烈公祠的原貌,山门为四柱三楼式碑坊,正中额题"清烈公祠"四字,两侧榜题"孤忠""流芳"。牌楼正面,中为天明堂。左右为二龙盘柱,中嵌郭沫若题"屈原祠"三字(图6-12)。

图6-12 屈原祠(侯林春 摄,2015)

前殿：前殿为木质结构，殿内主要展陈的是屈原祠的前言部分、历代屈原祠的微雕模型。

南碑廊：南碑廊的主题为"逸响伟辞"，雕刻了屈原一生的著作诗篇，包括《离骚》《天问》《九章》《九歌》等。

北碑廊：北碑廊的主题为"诗咏屈子"，雕刻了历代名家诗人歌颂屈原的诗句。

南陈列馆：南陈列馆共分为六个主题："东方诗魂、社稷兴衰、荆楚风韵、激情浪漫、琦玮天问、异彩纷呈"。

北陈列室：北陈列室主题为"千古遗响"，主要展出的是屈原对后世的深刻影响。

大殿：大殿内主设屈原青铜像，设计外形为"低头沉思，顶风徐步"，表现了屈原爱国爱民的满腔激情和孤忠高洁的精神境界。

屈原墓：屈原墓占地 $120m^2$，墓前三排六柱八字开扇。外石柱镌有"泪水怀沙千古遗恨，归山枕岫万世流芳"楹联。四根内柱的楹联是"崔嵬丰碑矗在地，凛然浩气贯长虹""千古忠贞千古仰，一生清醒一生忧"。墓中有一通道，透过石门可窥见一红漆古棺悬吊其内，俗称"屈原吊棺"。

2）峡江文化园区——以青滩仁村为代表

青滩仁村位于长江西陵峡的南岸，起源于晋太原二年，距今已有 1600 多年的历史。早年的仁村分为上仁村和下仁村。为了让这一古老淳朴文化更好地保留下来，将其完整地布展还原成当时的古村落。现在的仁村由端午习俗馆、龙舟馆、农耕馆、青滩民俗馆、三峡奇石馆、蒙馆、皮影馆、茶馆组成，而这些展馆主要都是以秭归民间非物质文化遗产展示为主。

江渎庙，系古人为祭祀长江而建，始建于北宋时代，清同治四年进行维修。江渎庙是我国江、淮、河、济四大渎庙之首，也是目前保存最完好的庙宇之一。

3）非物质文化园区——以皮影戏、长江船工号子等为代表

（1）皮影：皮影最早诞生在 2000 多年前的西汉，峡江皮影又称"灯影戏"，俗称"影子戏"。皮影是采用皮革为材料制成的，出于坚固性和透明性的考虑，又以牛皮和驴皮为佳，上色主要用红、黄、青、绿、黑等纯色颜料。皮影人物可以分为生、旦、净、末、丑五个角色。2009 年，秭归皮影正式被列为"湖北省非物质文化遗产"。

（2）长江船工号子：大约在清朝中期，才逐渐兴起号子，并产生了专门的号子头。号子头根据江河水势水和明滩暗礁对行船的危险性，编创出一些不同节奏、不同音调、不同情绪的号子，具有雄壮激越的音调，又有悦耳抒情的旋律，在行船中起着统一摇橹板动作和调剂船工急缓情绪的作用。

4. 屈原故里景区规划理念

1）因地制宜、依山就势、师法自然

屈原故里公园在整体规划中依山就势，根据山体走势和景区功能进行了分区建设，由"五区、三带、九景"组成。"五区"为北门入口区、三峡居民集锦园区、主题雕塑景区、南门入口区、屈原纪念区；"三带"为滨江花径观光带、四季景观林带、次干道林荫景观带；"九景"为"重阳思古""晨霜秋柿""枫林醉秋""橙红橘绿""苍松叠翠""清风竹韵""桂月迎秋""寒梅香雪""桑林问茶"。

2）尊重历史、弘扬文化、突出特色

凤凰山有它独特的历史背景和文化渊源，绿化规划中也充分考虑了特有的历史背景和文化习俗。充分考虑屈原文化和三峡居民文化和历史渊源，通过植物造景，营造屈原文化独有的

氛围,通过乡土植物的应用,营造三峡文化特有的气氛。没有采用景观园林规划中的大手笔,而是精雕细刻,充分突出地方特色。

3)构建群落、丰富景观、合理分区

在充分利用乡土植物的同时,积极引进秭归地区适应性良好的植物种类,以满足景区四季景观变化的需要,体现植物多样性和景观多样性的特点。各景区景点植物选择各有特点,不同区段的植物构成连续变化的风景线,而各景区的特点也得以体现。

4)适度开发、统一规划、分步实施

生态脆弱地段突出生态保护功能,利于景区的可持续发展。注重近期与远期相结合,注重大片造林与局部造景相结合,注重精致与细微相结合。

第四节 工程旅游资源开发

路线 基地→三峡截流园景区→基地。

任务

(1)三峡大坝的结构与选址。

(2)三峡大坝景区开发与规划。

(3)景区内景点旅游路线。

(4)绘制三峡大坝景区规划图。

点位 三峡截流园景区。

GPS $110°00'19.61''E,30°48'45.89''N;H=101m$。

点义 三峡大坝景点布置与开发。

知识链接

1. 工程旅游

工程旅游是指以人类建造的各个时期的对当时或后期社会产生重大影响的并能反映当时社会发展水平的各类大型工程为对象,对大型工程的改、扩、建的施工原理、施工过程、施工场景以及建成后的工程景观和工程所在的周边环境进行参观、游览、考察或休闲活动的主题旅游活动。

2. 中国大型工程旅游景观

大型工程是指"为了生产、交通、水利、军事、科技等需要而兴建的,与国计民生关系密切的国家级重大建设工程。作为人文类旅游资源,这些工程具有时代性、特殊性和科技性,并且有不同的类别。

根据兴建年代分为古代大型工程和现代大型工程,前者如长城、都江堰、大运河等,后者如葛洲坝水利枢纽、南京长江大桥、北京亚运村等。

根据功能属性分为军事防御工程[如长城(含关口)和城墙、地下战道、炮台等],水利工程(如京杭运河、都江堰、浙东海堤、黄河大堤、三门峡水库、坎儿井等),交通工程(如古驿道、丝绸之路、栈道、桥梁、隧道、海港等)和其他工程(如古天文观测建筑、电视塔等。)

景区描述

1. 三峡大坝工程组成部分

1)三峡水电站

三峡水电站由左岸电站、右岸电站、右岸地下电站和电源电站组成,多年平均发电量为8.82×10^{10} kW·h,是世界上规模最大的水电站。三峡水电站最大输电半径为1000km,机组所发电能主要送往华中、华东和广东等地区。拦河大坝为混凝土重力坝,泄洪坝段居中,两侧为电站厂房和非溢流坝段。大坝坝顶海拔高度185m,最大坝高181m,大坝轴线全长2309.47m。

2)三峡水利枢纽通航建筑物

三峡水利枢纽通航建筑物包括船闸和升船机。船闸为双线五级连续船闸,修建于山体深切开挖形成的岩石深槽中,是世界总水头最高、级数最多的内河船闸。升船机是三峡水利枢纽永久通航设施的重要组成部分,主要用于客轮和各类特种船舶的快速通过,它与船闸联合运行,互为备用,以提高船闸的通过能力和整个枢纽的通航保证率,确保枢纽的通航效益得以充分发挥。

2. 三峡大坝旅游区

三峡大坝旅游区位于湖北省宜昌市境内,于1997年正式对外开放,2007年被国家旅游局评为首批国家"5A"级旅游景区,现拥有坛子岭园区、185园区及截流纪念园等园区,总占地面积共15.28km^2。旅游区以世界上最大的水利枢纽工程——三峡工程为依托,全方位展示工程文化和水利文化。

1)三峡截流纪念园

三峡截流纪念园是以三峡工程截流为主题,集游览、科普、表演、休闲等功能于一体的国内首家水利工程主题公园。景区位于三峡大坝右岸下游800m处,占地面积930 000m^2,投资3000万元。景区分入口区、演艺眺望区、遗址展示区和游乐休憩区等4个区域,由截流记事墙、演艺广场、亲水平台、幻影成像、大型机械展示场、攀爬四面体、平抛船等十几个景观组成(图6-13)。

图6-13 三峡大坝(侯林春 摄,2015)

三峡截流纪念园旨在体现人定胜天、天人合一的截流文化主题精神（图6-14）。在整个园区的景观设计上，紧扣截流主题，力求表现出长江、大坝、工程等鲜明的形象特征，营造出水利工程所特有的遗迹景观效果。尽可能地保留了原址上遗留工程堆料和工具，保留了用于支撑堆放砂石料的隔墙、100多个截流时余下的四面体，并展示77t装卸车和平抛船等大型施工机械。

"截流再现"放映厅采用现代高科技的幻影成像技术，直观生动地向人们再现了长江三峡截流。游客目睹这些，仿佛身处热火朝天的建设场景。三峡截流纪念园建成开放，丰富了三峡工程的文化内涵，为三峡工程旅游增添了一道靓丽的风景。

图6-14 三峡截流纪念园（王旭 摄，2015）

2）坛子岭旅游区

长江三峡工程坛子岭旅游区是三峡坝区最早开发的景区，因其顶端观景台状似一个倒扣的坛子而得名，该景区所在地为大坝建设勘测点，海拔262.48m，是三峡工地的制高点，为观赏三峡工程全景的最佳位置。景区总面积约100 000m²。整个景区包括观景台、浮雕群、钢铁大书、亿年江石模型室和绿化带等，综合展现了源远流长的三峡文化，表达了人水合一、化水为利、人定胜天的鲜明主题。

3）185观景点

185观景点位于三峡大坝坝顶公路的左岸端口处，因与三峡坝顶齐高，同为海拔185m而得名。站在平台上向下俯看，就如同身临坝顶，可以感受到大坝的高度。同时，海拔135m的水位也使我们能在这儿领略到平湖的感觉。

第七章　水资源开发实习

第一节　三峡水库功能与环境

路线　基地→秭归二水厂马路对面水库旁→基地。
任务
(1)了解三峡水库的功能与水库消落带。
(2)水资源利用开发与水环境。
(3)参观饮用水处理厂和污水处理厂。
(4)了解其处理的设备和工艺流程。
点位　秭归二水厂长江沿岸。
GPS　$110°58'43.07''E,30°49'58.04''N;H=198m$。
点义　水库消落带意义。
知识链接
根据水库所在地区的地貌、库床及水面的形态,可将水库分为四类。

1. 水库类型

1)平原湖泊型水库

在平原、高原台地或低洼区修建的水库。形状与生态环境都类似于浅水湖泊。形态特征水面开阔,岸线较平直,库湾少,底部平坦,岸线斜缓,水深一般在10m以内,通常无温跃层,渔业性能优良。如山东省峡山水库、河南省宿鸭湖水库。

2)山谷河流水库

建造在山谷河流间的水库。形态特征为库岸陡峭,水面呈狭长形,水体较深但不同部位差异极大,一般水深20～30m,最大水深可达30～90m,上下游落差大,夏季常出现温跃层。如重庆市长寿湖水库、浙江省新安江水库等。

3)丘陵湖泊型水库

在丘陵地区河流上建造的水库。形态特征介于以上两种水库之间,库岸线较复杂,水面分支很多,库弯多。库床较复杂,渔业性能良好。如浙江省青山水库、陕西省南沙河水库等。

4)山塘型水库

在小溪或洼地上建造的微型水库,主要用于农田灌溉,水位变动很大。江苏省溧阳市山区塘马水库、宋前水库、句容的白马水库、安徽广德县和郎溪县这种类型的水库较多,用于灌溉农田。

2. 我国水库大小的划分标准

大型水库:总库容在1亿 m^3 以上。中型水库:总库容在1000万 m^3 以上。小(一)型水库:总库容在100万 m^3 以上。小(二)型水库:总库容在10万 m^3 以上。

描述

1. 三峡水库的效益与问题

三峡水库是三峡水电站建成后蓄水形成的人工湖泊,总面积 1084 km^2,总库容 393 亿 m^3,范围涉及湖北省和重庆市的 21 个县市,串流 2 个城市、11 个县城、1711 个村庄。

1) 三峡工程效益

(1) 防洪:水库防洪库容 221.5 亿 m^3,能有效地控制上游进入中下游平原的洪水,遇百年一遇洪水,可在不动用荆江分洪区的情况下控制荆江河段的流量在安全范围以内,遇千年一遇洪水或 1870 年型洪水,可控制枝城站流量不超过 80 000 m^3/s。其是解除长江中游洪水威胁,防止荆江河段发生毁灭性灾害的最有效措施。

(2) 发电:电站装机容量 1768 万 kW,平均年发电量 840 亿 kW·h,可供电华中、华东以及川东地区。每年约可替代煤炭 5000 万 t,可减轻上述地区的煤炭运输压力,并可减轻因火电燃煤引起的环境污染。

(3) 航运:三峡工程建成后,水库回水形成 660 km 长的深水航道,可改善重庆以下的航道条件。由于险滩淹没,航深增加,坡降变缓,流速减小,船舶的运输效率将明显提高,运输成本可较目前降低 35%～37%,必将大力加速长江航运事业的发展。

2) 存在的问题

(1) 影响长江上游河床演变。最为关键的造床质是砾卵石,修坝后原来随江水流走的砾卵石将排不出去,未来可能导致重庆市江段泥沙淤积。

(2) 人地矛盾加剧。水库完成后淹没耕地,并可能加剧植物的破坏、水土流失和生态恶化。

(3) 水污染。目前库区的工业和生活废水年排放量很大,沿江城市的局部江段已形成了较严重的污染带。建库后,库区水体流速减缓,复氧和扩散能力下降,将加重局部水域污染。

(4) 影响长江中下游水生生态系统的结构和功能。一些珍稀、濒危物种的生存条件进一步恶化;对四大家鱼的自然繁殖也会带来不利影响。

(5) 下游河口的海水入侵,对河口城市上海的影响尤其明显。

(6) 淹没沿江部分文物古迹,影响三峡自然景观。

(7) 库区滑坡等地质灾害增加。

2. 三峡库区的消落带

1) 三峡库区消落带

三峡工程完全建成后,冬季蓄水发电水位为 175 m,夏季防洪水位降至 145 m,其间 30 m 水位落差暴露出的土地就称为消落带(图 7-1)。三峡库区消落带按坡度可分为崖岸(坡度>75°)、陡坡岸(坡度 25°～75°)、滩坡岸[坡度 15°～25°、台(阶)岸(坡度<15°)]。

2) 消落带的危害

消落区形成之前,生长在库区两岸的植被是一道天然的生态屏障,对来自库岸的污染特别是农业面源污染起到一定的拦截和过滤功能,地表径流携带的氮、磷等相当一部分被植被消化吸收,防止进入库区水体。而消落区形成后,这些功能将基本丧失,更多的污染物将进入水体,导致库区富营养化程度日趋加重。

3) 消落带的治理

重庆市实施的国家公益性行业专项"三峡库区流域生态修复关键技术研究"项目,针对消落带进行植物筛选和群落构建,筛选出了池杉、落叶杉、立柳、南川柳、湿地松、枫杨 6 种乔木,

图 7-1 三峡库区的消落带(左为陡坡岸,右为崖岸)

中华蚊母、秋华柳、小梾木 3 种灌木,卡开芦、小巴茅、芦竹、香根草 4 种高草,以及扁穗牛鞭草、狗牙根、香附子、块茎苔草 4 种低草。这些植被可分别在水下 10m 和 30m 种植,即使水淹半年仍可存活。

第二节　饮用水处理工艺流程

路线　基地→二水厂→基地。
任务　秭归二水厂饮用水处理过程。
点位　秭归二水厂(长江对面)(图 7-2)。

图 7-2　秭归二水厂(饮用水处理厂)及内部环境(侯林春 摄,2015)

GPS　110°58′43.07″E,30°49′58.04″N;$H=198$m。
点义　秭归二水厂饮用水处理过程描述。
知识链接
1. 生活饮用水处理流程
1)沉淀和消毒

秭归二水厂是以地表水为水源的生活饮用水的常用处理工艺。沉淀工艺通常包括混合、反应、沉淀、过滤及消毒 5 个过程。

其中,主要的工艺操作如下。

(1)机械混合、混凝反应处理。

(2)絮凝沉淀处理。

(3)过滤处理。

(4)滤后消毒处理。

完善而有效地进行沉淀和消毒,不仅能有效地降低水的浊度,对于水中某些有机物、细菌及病毒等的去除也是有一定的效果的。通常在过滤以后进行,主要消毒方法是在水中投加消毒剂以灭致病微生物。当前我国普遍采用的消毒剂是氯,也有采用漂白粉、二氧化氯以及次氯酸钠等。臭氧消毒也是一种消毒方法。"混凝—沉淀—过滤—消毒"可称之为生活饮用水的常规处理工艺。

2)除臭、除味

这是饮用水净化所需的特殊处理方法。当原水中臭味严重而采用沉淀和消毒工艺系统不能达到水质要求时方才采用。除臭、除味的方法取决于水中臭味的来源。

3)除铁、除锰和除氟

当地下水的铁、锰的含量超过生活饮用水卫生标准时,需采用除铁、锰措施。常用的除铁、锰方法是:自然氧化法和接触经法。前者通常设置曝气装置和接触氧化滤池。当水中含氟量超 1.0mg/L 时,需采用除氟设施。

4)软化

处理对象主要是水中钙、镁离子,软化方法主要有:离校换法和药剂软化法。

5)淡化和除盐

处理对象是水中各种溶解盐类,包括阴、阳离子。淡化和除盐的方法有:蒸馏法、离子交换法、电渗析法以及反渗透法等。

2. 生活饮用水中常见指标意义[①]

(1)硬度:人体对水的硬度有一定的适应性,改用不同硬度的水(特别是高硬度的水)可引起胃肠功能的暂时性紊乱。水的硬度过高,更易在配水系统中形成水垢。

(2)溶解性总固体:水中溶解性总固体主要包括无机物,主要成分为钙、镁、钠的重碳酸盐、氯化物和硫酸盐。当其浓度增高时可使水产生不良的味觉,并能损坏配水管道和设备。它是评价水质矿化程度的重要依据。

(3)氰化物:主要来自工业废水,有剧毒,作用于某些呼吸酶,引起组织窒息。首先影响呼吸中枢及血管舒缩中枢,慢性中毒时,甲状腺激素生成量减少。它使水呈杏仁气味,其味觉阈浓度为 0.1mg/L,国家标准不得超过 0.005mg/L。

(4)砷:天然水中含微量的砷,水中含砷量高,除地质因素外,主要来自工业废水和农药的污染。对人体的损伤以慢性中毒为主,表现为皮肤出现白斑,随后逐步变黑,角化肥厚呈橡皮状,发生龟裂性溃疡。长期饮用砷含量高的水,还可使皮肤癌发病率增高。

(5)汞:为剧毒,可致急、慢性中毒,汞及其化合物为脂溶性,主要作用于神经系统、心脏、肾

---

① 源于网络:m.maigoo.com/zhishi/69012.html

脏和胃肠道。水中汞主要来自工业废水和废渣。地面水中的无机汞，在一定条件下可转化为毒性更大的有机汞，并可通过食物链在水生生物（如鱼、贝类等）体内富集。人食用这些鱼、贝类后，可引起慢性中毒，如日本所称的"水俣病"。

（6）镉：也是有毒元素，主要来自工业污染，食用被镉污染的食物和水可能造成慢性中毒，在日本发生的"痛痛病"就是典型例子。

（7）铅：常随饮水和食物进入人体，摄入量过高可引起中毒。儿童、婴儿、胎儿和妊娠妇女对环境中的铅较成人和一般人群更为敏感。

（8）铬：污染来源于工业废水和含铬废渣淋洗渗入。三价铬是人体必须的微量元素，六价铬的毒性比三价铬高数十倍至百倍，铬中毒大都由六价铬引起；经口摄入含铬量高的水可引起口腔炎、胃肠道烧灼、肾炎和继发性贫血。

（9）硝酸盐：在水中经常被检出，污染源除来自地层外，还有生活污染和工业废水，施肥后的径流和渗透，大气中的硝酸盐沉降，土壤中有机物的生物降解等。硝酸盐含量过高的水可引起人工喂养婴儿出现变性血红蛋白血症。虽然对较年长人群无此问题，但有人认为某些癌症可能与高浓度的硝酸盐摄入有关。

（10）氟化物：在自然界广泛存在，是人体正常组织成分之一，摄入量过多对人体有害，可引起急慢性中毒，主要表现为氟斑牙和氟骨症。

（11）细菌总数：作为评价水质清洁度和考核净化效果的指标，细菌总数增多说明可能被有机物污染。

（12）总大肠菌群：是评价生活饮用水水质的重要卫生指标，污染来自人和温血动物粪便及植物和土壤。生活饮用水标准规定任意 100mL 水样中不得检出。

（13）粪大肠菌群：是直接来自人和温血动物粪便，是水质粪便污染的重要指示菌，检出表明饮水已被粪便污染。

（14）硫酸盐：浓度过高易使锅炉和热水器内结垢，并引起不良的水味甚至引起人轻度腹泻。

（15）氯化物：含量过高可使水产生令人嫌恶的味，并对配水系统具有腐蚀作用。

描述

秭归二水厂以长江为水源，采用滑道缆车取水，包括输水、净化、配水等工艺流程，配有变频配电及中控等现代化仪器设备，于 2006 年 3 月 28 日开工，2007 年 3 月建成通水，大大提升了县城的供水能力，改善了供水质量。

给水处理工艺流程概述：给水处理的任务是通过必要的处理方法去除水中杂质，使之符合生活饮用水或工业使用要求的水质。水处理方法应根据水质和用水对象对水质的要求来确定。

第三节　污水处理的工艺流程

路线　基地→秭归县县城污水处理厂→基地。
任务　了解秭归污水处理的工艺流程。
点位　秭归县污水处理厂（图 7-3）。

GPS 110°58′34.94″E,30°49′16.41″N；$H=188m$。

点义 污水处理观察点。

图7-3 秭归县县城污水处理池（侯林春 摄，2015）

知识链接

1. 污水再生处理工艺

现代污水处理技术，按处理程度划分，可分为一级、二级和三级处理。

一级处理，主要去除污水中呈悬浮状态的固体污染物质，物理处理法大部分只能完成一级处理的要求。经过一级处理的污水，BOD一般可去除30%左右，达不到排放标准。一级处理属于二级处理的预处理。

二级处理，主要去除污水中呈胶体和溶解状态的有机污染物质（BOD,COD物质），去除率可达90%以上，使有机污染物达到排放标准。

三级处理，进一步处理难降解的有机物、氮和磷等能够导致水体富营养化的可溶性无机物等。主要方法有生物脱氮除磷法、混凝沉淀法、砂滤法、活性炭吸附法、离子交换法和电渗分析法等。

整个过程为通过粗格的原污水经过污水提升泵提升后，经过格删或者筛率器，之后进入沉砂池，经过砂水分离的污水进入初沉池，以上为一级处理（即物理处理）。初沉池的出水进入生物处理设备，有活性污泥法和生物膜法（其中活性污泥法的反应器有曝气池、氧化沟等，生物膜法包括生物滤池、生物转盘、生物接触氧化法和生物流化床），生物处理设备的出水进入二沉池，二沉池的出水经过消毒排放或者进入三级处理，一级处理结束到此为二级处理。二沉池的污泥一部分回流至初沉池或者生物处理设备，一部分进入污泥浓缩池，之后进入污泥消化池，经过脱水和干燥设备后，污泥被最后利用。

2. 污水处理的主要衡量指标

1) COD_{cr}：采用重铬酸钾（$K_2Cr_2O_7$）作为氧化剂测定出的化学耗氧量表示为COD_{cr}。

2) BOD5：是指五日生化需氧量（Biology Oxygen Demmand），指的是水中的微生物可以降解的有机物被降解后消耗的氧的量。但是生物完全降解有机物所需时间较长。为了规范和提高检测效率，国家规定以5日生化需氧量为说明水质的标准，也就是说，用生物降解水中有机物5天所消耗的氧的总量。

3) COD：COD是化学耗氧量（Chemical Oxygen Demand），亦称化学需氧量，指化学氧化剂（如高锰酸钾、重铬酸钾）氧化水中需氧污染物质时所消耗的氧气量，计量单位为mg/L。

COD 是评定水质污染程度的重要综合指标之一。COD 的数值越大,水体污染越严重。一般洁净饮用水的 COD 值为几毫克至十几毫克每升。

4)SS:普通水样的 SS 是指固体悬浮物浓度(Suspended Solid),一般单位为 mg/L。通常使用真空抽滤泵加硝酸纤维滤膜方法测定。

污水处理系统中的 SS,常指混合液中活性污泥浓度,一般较常用 MLSS(Mixed Liquor Suspended Solid),在不引起歧义的情况下也可简写为 SS。单位为 mg/L。测定方法通常也使用真空抽滤泵加硝酸纤维滤膜方法。

5)pH 值:它是指氢粒子活度,用来确定溶液中氢粒子的浓度或者酸碱性。

描述

秭归县污水处理厂位于三峡大坝上游右岸,紧邻附坝,属三峡库区水污染防治重点环保项目,占地 50 亩,设计规模 4 万 t/天。污水处理采用氧化沟工艺,水质执行国标(GB18918—2002)一级 B 类排放标准,污泥采用机械浓缩后填埋处理。

秭归污水处理厂处理流程:污水进入厂区先通过截流井(让处理厂能处理的污水进入厂区进行处理),进入粗格栅(打捞较大的渣滓),到污水泵(提升污水的高度),再到细格栅[打捞较小的渣滓到沉沙池(以重力分离为基础,将污水的密度较大的无机颗粒沉淀并排除)],再到生化池(采用活性污泥法去除污水里的耗氧微生物、固体悬浮物和以各种形式存在的氮和磷),进入"D"形滤池(进一步减少固体悬浮物,使出水达到国家一级标准),进入紫外线消毒(杀灭水中的大肠杆菌),然后出水进入终沉池,终沉池出的污泥一部分作为生化池的回流污泥,剩下的送入污泥脱水间脱水外运(图 7 - 4)。

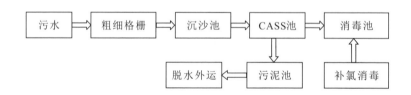

图 7 - 4 污水处理的一般流程

CASS(Cyclic Activated Sludge System)是周期循环活性污泥法的简称,又称为循环活性污泥工艺,是在 SBR 的基础上发展起来的。它的工作原理如下。

在预反应区内,微生物能通过酶的快速转移机理迅速吸附污水中大部分可溶性有机物,经历一个高负荷的基质快速积累过程,这对进水水质、水量、pH 值和有毒有害物质起到较好的缓冲作用,同时对丝状菌的生长起到抑制作用,可有效防止污泥膨胀。随后在主反应区经历一个较低负荷的基质降解过程。CASS 工艺集反应、沉淀、排水功能于一体,污染物的降解在时间上是一个推流过程,而微生物则处于好氧、缺氧、厌氧周期性变化之中,从而达到去除污染物的作用,同时还具有较好的脱氮、除磷功能。

第八章 土地资源开发实习

第一节 岩溶地貌与土地利用现状调查

路线 基地→花鸡坡→雾河→基地。

任务

(1) 了解雾河村土地资源、农业、社会经济特征。
(2) 山区气候资源与农业产业特征(农业垂直地带性特征)。
(3) 利用地形图和遥感图踏勘调查区。
(4) 土地利用现状调查。
(5) 绘制土地利用现状图。
(6) 岩溶地貌的观察与描述。

点位 三斗坪镇雾河村。

GPS $111°02'46.42''E, 30°47'10.08''N; H=704m$。

点义 土地利用调查方法和实践。

知识链接

1. 喀斯特地貌形成条件

1) 喀斯特地貌

喀斯特地貌是具有溶蚀力的水对可溶性岩石(大多为石灰岩)进行溶蚀作用等所形成的地表和地下形态的总称,又称岩溶地貌。除溶蚀作用以外,还包括流水的冲蚀、潜蚀,以及塌陷等机械侵蚀过程。

碳酸盐在纯水中的溶蚀度是很微弱的,只有当水中含有 CO_2 时,碳酸盐的溶蚀度才显著增大,其作用过程如下。

大气中的 CO_2 与水化合后即成为碳酸:

$$CO_2 + H_2O \rightleftharpoons H_2CO_3$$
$$H_2CO_3 \rightleftharpoons H^+ + HCO_3^-$$
$$H^+ + CaCO_3 \rightleftharpoons HCO_3^- + Ca^{2+}$$

综合反应式为: $CaCO_3 + CO_2 + H_2O \rightleftharpoons 2HCO_3^- + Ca^{2+}$

2) 岩石成分

岩石成分是指岩石的化学成分和矿物成分。从溶解度上看,卤化盐岩(如岩盐和钾盐)>硫酸盐岩(如石膏、硬石膏和芒硝)>碳酸盐岩(如石灰岩、白云岩、硅质灰岩和泥灰岩)。由于碳酸盐岩种类较多,其各类岩石溶解度随着难溶性杂质的多少而定,石灰岩>白云岩>泥灰岩。

3) 岩石结构

(1)结晶岩石的晶粒愈小,相对溶解速度愈大,隐晶结构一般具有较高的溶蚀率。

(2)不等粒结构石灰岩比等粒结构石灰岩的相对溶解度大。

4) 岩石构造

(1)孔隙度:颗粒之间,生物骨架间、生物体腔内、晶粒之间的孔隙。孔隙度的大小影响碳酸盐类岩石的透水性能,从而影响相对溶解度。

(2)岩层的产状和破裂可控制岩溶作用的方向和程度。

在褶皱背斜轴部,纵张节理发育,利于水的垂直流动,形成竖井;近于水平的或缓倾斜的岩层,如有隔水层,地下水沿层面流动,形成近于水平方向的溶洞;断层发育的地方,结构松散,空隙大,有利于岩溶作用的增强,常发育溶洞。

2. 喀斯特地貌类型

喀斯特地貌可分为以下 6 种。

(1)地表水沿灰岩内的节理面或裂隙面等发生溶蚀,形成溶沟(或溶槽),原先成层分布的石灰岩被溶沟分开成石柱或石笋。

(2)地表水沿灰岩裂缝向下渗流和溶蚀,超过 100m 深后形成落水洞。

(3)从落水洞下落的地下水到含水层后发生横向流动,形成溶洞。

(4)随地下洞穴的形成地表发生塌陷,塌陷的深度大面积小,称塌陷漏斗,深度小面积大则称陷塘。

(5)地下水的溶蚀与塌陷作用长期共同作用,形成坡立谷和天生桥。

(6)地面上升,原溶洞和地下河等被抬出地表成干谷和石林。云南路南的石林是上述第一阶段(溶沟阶段)的产物。桂林的象鼻山,则是原地下河道出露地表形成的。在广西境内,经常可看到这种抬升到地表以上的溶洞,俗称"仙女镜"。

描述

1. 土地利用现状调查

土地利用现状调查是土地资源学课程的重要内容,本专业在课程实习过程中已经进行过初步的城镇土地利用现状调查实习。开展农村土地利用现状调查实习,有助于学生了解土地利用现状调查的工作流程,进一步掌握土地利用现状调查的具体技术方法。

本专业秭归野外教学实习中土地资源模块的实习内容,选取雾河村进行土地利用现状调查实习。调查区范围小,约 3.97km^2,海拔在 400~880m 之间,也是研究调查农业垂直地带性的理想区域。遥感影像图和地形图(1:5000)仅在土地利用调查实习时发给学生,实习结束必须收回(图 8-1)。

土地利用现状调查工作可分为四大阶段:准备阶段、外业工作阶段、内业整理阶段、成果检查验收阶段。具体可分为八大步骤:调查的准备工作、外业调绘、航片转绘、土地面积量算、编制土地利用现状图、编写土地利用现状调查报告及说明书、调查成果的检查验收、成果资料上交归档。

1) 土地利用现状调查实习的目的

(1)掌握土地利用现状调查、更新调查、变更调查的工作流程。

(2)了解遥感影像图的纠正、裁剪和标准分幅影像图的制作。

(3)掌握影像图目视判读的基本技巧。

图 8-1　雾河村(局部)地形图和遥感影像示意图(李辉 制,2015)

(4)掌握利用航片或卫片进行土地利用现状调查的技术方法。

(5)掌握土地利用现状、更新、变更调查的外业工作方法。

(6)掌握土地利用现状、更新、变更调查后期内业工作内容与方法。

(7)能够熟练使用 ArcGIS 软件,独立完成土地利用现状图的绘制整饰,完成不同用地类型的面积统计。

2)调查实习的工作分配

(1)本次实习采用标准为《第二次全国土地调查规程》。

(2)实习分组进行,每组 5~6 人。

(3)调查区域大小为:各小组调查区域按照经纬网格进行分配,且组与组之间应没有重合区域。实习分配区域也可以按照道路进行分配的,不过需要平衡各个小组的调查工作量。

3)调查实习的工作准备

(1)调查工作底图:高家溪填图区遥感影像图,出图比例尺为 1∶10 000。

(2)软件:ArcGIS,二调图例库文件。

(3)聚酯薄膜绘图纸一卷和彩铅(非必需)。

(4)绘图图板。

(5)机房。

4)调查实习工作流程

(1)前期准备。

A:遥感影像室内解译。

B:依据影像图目视解译结果,对调查区域进行调查草图的矢量绘制,并着重标识出难以辨别区域。

C:打印草图。

D:根据调查区域分配,各小组进行调查路线规划。

(2)外业调查。

A:各小组在本小组区域内按照预先安排好的路线,依据准备好的草图进行调查。

B:针对草图所绘制的地类以及地类边界进行核实,记录更新和更正区域。

(3)内业整理。

A:针对核实区域进行草图修改。

B:图形整饬。

C:数据分析,统计计算出各类用地面积,所占比例。

D:土地利用现状图成果出图(图 8-2)。

E:编写调查过程报告,撰写心得。

图 8-2　雾河村(局部)土地利用现状示意图(王晗 等 绘,侯林春 核,2014)

2. 雾河村的主要岩溶地貌

(1)漏斗:漏斗是岩溶化地面上的一种口大底小的圆锥形洼地,平面轮廓为圆形或椭圆形,直径数十米,深十几米至数十米。漏斗下部常有管道通往地下,地表水沿此管道下流,如果通道被黏土和碎石堵塞,则可积水成池。溶蚀漏斗是地面低洼处汇集的雨水沿节理裂隙垂直向下渗漏而不断溶蚀形成的。漏斗是岩溶水垂直循环作用的地面标志,因而多数分布在岩溶化的高原面上。

(2)溶洞:和尚洞是发育在灯影组二段的石灰岩溶洞(图 8-3)。

(3)溶沟:地表水流沿石灰岩坡面上流动,溶蚀和侵蚀出许多凹槽,称为溶沟(图 8-4)。

(4)石芽:溶沟之间的突起部分称为石芽。

图 8-3　雾河村溶洞（和尚洞）（侯林春 摄，2015）

图 8-4　雾河村溶沟（侯林春 摄，2015）

第二节　山区农村经济状况调查

路线　基地→雾河村→基地。
任务
(1) 利用地形图和遥感图，踏勘调查区。
(2) 农村经济状况调查问卷设计。
(3) 雾河村土地资源、农业、社会经济特征调查。
(4) 通过农户调查，了解山区农村经济状况。
(5) 了解山区种植农业的垂直地带性特征。
点位　三斗坪镇雾河村委会。

GPS 111°02′46.42″E,30°47′10.08″N；$H=704m$。

点义 农村经济状况和柑橘农业的垂直地带分布。

知识链接

三峡库区农业垂直地带性分布如表 8-1 所示。

雾河村介绍：雾河村位于夷陵区三斗坪镇东南方，距离镇政府 15km，距离区政府 60km。由原来的雾河村、柏果坪村、秦家淌村、西洲村共 4 个村合并为现在的雾河村。该村面积 19.9km²，最低海拔 650m，最高海拔石门观 900m，属于典型的石灰岩地貌区。全村所辖 8 个村民小组，现有人口 1730 人，667 户，其中常住人口 1570 人，607 户。全村耕地面积 2999 亩，茶叶种植面积 300 亩，桑园面积 2000 亩，退耕还林 2358.3 亩，抛荒面积 210 亩，2014 年经济总收入 1787 万元，人均纯收入 8797 元。

表 8-1　三峡库区不同海拔地区高效生态农业发展模式（方创琳 等,2003）

地貌类型 (海拔)(m)	特征	高效生态农业发展模式
沿江河谷 (175~300)	社会经济相对发达，农业集约经营水平较高，气候条件较好；但另一方面人口密度大，耕地少，移民安置任务重，人地矛盾、资源耗竭、地力退化、环境污染等问题较为突出	重点建设农田和果园，以粮食、水果、蔬菜生产为基础，突出以营造水果园、茶园增加植被，以坡改梯和沃土工程、排灌工程来保持水土、提高地力，以发展饲养生猪、开发沼气来保护森林植被，发展池塘渔业，按照果（水果）—粮（粮食）—菜（蔬菜）—猪（生猪）—沼（沼气）—渔水陆循环再生的生态农业模式，建成优质粮食基地、优质蔬菜（榨菜）基地和优质林果基地，形成农林牧复合经营的立体生产结构体系
浅山丘陵 (300~500)	仅次于沿江河谷区的库区人口密集区和移民安置重点区，也是发展高效生态农业条件较好的地区	以优质柑橘、桑树等高效经济林及用材林为提供生态环境的主要种类，利用肥沃、保收的土地，采取轮作、间作套种等方式，发展水稻、小麦等粮食作物及高收益的油料、豆类等经济作物，用粮食、油料、蚕茧的附产品发展饲养生猪、鸡鸭等畜禽，以畜禽、蚕茧的粪便发展沼气，以沼气替代农村能源，用沼液沼渣增加农田的有机质和养分，进而促进粮油生产，形成橘—粮—经—畜—桑—沼共生互惠型高效生态农业发展模式
低山 (500~800)	海拔高度升高，地形坡度增大，气候变得冷凉，水土流失严重，但土质比较肥沃	以植树造林、水土保持、草场改良为保护型生态条件，用轮作、间作套种等方式，发展玉米、小麦、各种杂粮、油菜、薯类、魔芋等农作物，用这些农作物及其副产品发展草食性畜牧业，同时通过人工种草为牲畜提高优质饲料，牲畜肥料施入农田促使杂粮、魔芋、薯类等农作物生长，水土保持林和草类生长，形成林（生态保护林）—粮（杂粮）—油（油料）—畜—草（草场）的水土保持型生态农业发展模式
中高山 (800 以上)	地域辽阔，山高人稀，气候寒冷，人少地多，耕作粗放，水土流失严重，土壤肥力差，交通不便，农民文化素质低等，是库区的贫困地区和农业发展低产区，但草场草坡辽阔，适宜开垦、种草养畜，立体气候明显	以干果为主的经济林和优质用材林，作为保护型生态条件，大面积发展银杏、板栗、核桃、茶叶等干果林，利用高山的优势，采取轮作、间作等方式发展杜仲、黄连、天麻、黄柏、厚朴等中药材，种植高山反季节蔬菜、烤烟和人工牧草，用种植的牧草和改良后的天然草场发展山羊等草食性牲畜，利用牲畜粪便促进干果林、中药材、烤烟、反季节蔬菜等作物的生长，形成以高山名优土特产品生产为主体，干果—药—茶—烟—菜—草为链条的高效生态农业建设模式

第三节　水土流失监测与水土保持

路线　基地→张家冲水土保持站→基地。
任务
(1)水土保持监测和实验小区、坡度小区的建设标准。
(2)观察不同坡度和不同耕作方式的土地水土保持监测。
(3)了解植物篱的意义和不同耕作方式的水土保持。
(4)了解水土流失的影响因素。
点位　茅坪镇张家冲村。
GPS　$110°57'18.07''E, 30°46'42.56''N; H=179m$。
点义　水土检测的方法和植物篱的水土保持作用。
知识链接

1. 水土流失

水土流失(也称为侵蚀作用或土壤侵蚀),是指地球的表面不断受到风、水、冰融等外力的磨损,地表土壤及母质、岩石受到各种破坏和移动、堆积过程以及水本身的损失现象,包括土壤侵蚀及水的流失。

2. 水土流失的影响因素

影响水土流失的自然因素有以下五种。
(1)气候,如降水量、降水年内分布、降雨强度、风速、气温、日照、相对湿度等。
(2)地形,如坡度、坡长、坡面形状、海拔、相对高度等。
(3)地质,主要指岩性和新构造运动,岩石的风化性、坚硬性、透水性等。
(4)土壤,是侵蚀的主要对象,其透水性、抗蚀性、抗冲性对水土流失的影响也很大。
(5)植被,植被防止水土流失的主要功能有截留降水、涵养水源、固持水体、改良小气候条件,并且在一定程度上可以防止浅层滑坡等重力侵蚀。

3. 水土保持

水土保持是防治水土流失、保护、改良与合理利用水土资源,维护和提高土地生产力,以利于充分发挥水土资源的生态效益、经济效益和社会效益,建立良好生态环境的综合性科学技术。水土保持的对象不只是土地资源,还包括水资源,保持的内涵不只是保护,而且包括改良与合理利用。不能把水土保持理解为土壤保持、土壤保护,更不能将其等同于土壤侵蚀控制。水土保持是自然资源保育的主题。

水土保持包括工程措施和植物措施两个方面,工程措施改变小地形,植物措施改变局部生态环境。植物措施初期由于植物根系小、枝叶少起不到阻拦泥沙含蓄水源的作用,必须通过工程措施蓄水保土,并为植物成活与生长创造良好的立地条件,即工程保植物、植物养工程两者相辅相成,缺一不可。

4. 水土保持植物措施

水土保持植物措施,是指在水土流失地区以控制水土流失、保护和合理利用水土资源、改良土壤、维持和提高土地生产潜力、改善生态、增加经济与社会效益为目的所进行的人工造林或飞播造林种草、封山育林育草等措施。

5. 水土保持工程措施

水土保持工程是在小流域内修建工程设施防止水土流失,即通过各种措施改变小地形,达到改变径流流态,减少和防止土壤侵蚀,拦蓄利用径流泥沙的目的。防护和拦蓄是水土保持工程的两大主要作用。因此,水土保持工程具有小、多、群体的特点。

在水土流失区域内的小流域,根据因地制宜、因害设防的原则,从山坡至沟口,由上而下地合理配置工程措施,形成一个完整体系,再配合林草措施,控制水土流失。

(1) 将山区、丘陵区不同坡度的坡面基本沿等高线方向修成具有不同宽度和高度的水平或缓坡台阶地,并在地边缘加一道蓄水埂的这一类型农田统称为梯田。梯田是基本的水土保持工程措施,也是山区土地资源开发、治理坡耕地、提高农业产量的一项基本农田建设工程。

(2) 护坡工程是为了对局部非稳定自然边坡加固,稳定开发建设项目开挖地面或堆置固体废弃物形成的不稳定高陡边坡或滑坡危险地段而采用水土保持措施。常用的护坡工程有削坡开级措施、植被护坡措施、工程护坡措施、综合护坡措施及滑坡地段护坡措施等。

(3) 综合护坡措施是在布置有拦挡工程的坡面或工程措施间隙上种植植物,其不仅有增加坡面工程的强度,提高边坡稳定性的作用,而且具有绿化美化的功能。综合护坡措施是植物和工程有效结合的护坡措施,适宜于条件较为复杂的不稳定坡段。

张家冲小流域水土保持的描述

1. 张家冲小流域简介

张家冲位于秭归县茅坪镇西南部属茅坪镇河流的一级支流,小流域属于丘陵地貌,亚热带大陆性季风气候,气候温和,雨量充沛,四季分明。年平均降水量为1006.8mm,降水季节分配不均,降雨季节集中在5~10月,夏季降水量占全年降水量的78%,年平均气温为17.9℃。

张家冲小流域(110°57′E,30°46′N)系茅坪河支流,距三峡大坝5km,距秭归新县城8.5km,3条支流覆盖全流域,在瓮桥沟汇集流入茅坪河。流域内共有居民703人,176户,土地总面积1620hm^2,共有耕地43.2hm^2(大于25°的耕地15.6hm^2),林地98.1hm^2(其中疏幼林地40.7hm^2,经果林7.5hm^2),草地3.3hm^2,荒山荒坡8hm^2,非生产用地9.3hm^2。

该流域属山地丘陵地貌,南北坡向,北高南低,为典型的闭合小流域。最低海拔148m,最高海拔530m。下部较为平缓,中上部坡度较陡。该流域属典型的花岗岩出露发育区域,花岗岩是一种酸性深成岩,主要成分为长石、石英、白云母和黑云母,易风化,土壤为花岗岩母质出露发育的石英砂土,透水透气性很强,地带性土壤为黄棕壤,底部分布有水稻土。植被以亚热带常绿、落叶阔叶林和针阔混交林为主。特有的资源有低山河谷的柑橘,中高山的茶叶、板栗,高山的木材。林地的面积约为98.13hm^2,林草覆盖率达到62.6%。根据张家冲小流域水土保持试验站2003年资料,小流域有水土流失面积9.72km^2,占耕地总面积的60%。土壤侵蚀总量达6705t/(km^2·a),土壤侵蚀以面蚀、沟蚀为主。

2. 张家冲小流域水土保持试验站介绍

为了探索花岗岩性区水土流失规律,秭归县水土保持局在张家冲小流域设立水土保持试验站,试验站于2002年9月1日正式动工兴建。2003年,张家冲小流域水土保持试验站正式投入观测,目前试验站已经建成了包括19个取水点、5个自然小区、2个农作物增产试验小区、5个经济作物小区、9个坡度对比小区等试验观测场点,并设有4个雨量站、1个气象场。观测试验内容包括不同坡度的降雨量、径流总量、径流深、径流系数和悬移质侵蚀模数,农作物、经济林、蔬菜物候期生长状况及投入产出效益,林木生长状况、植被覆盖率、生物量等。

3. 水土流失治理试验区

试验小区建设在流域出口西北方向坡地上,标准试验小区由坡地和观测水池组成,坡地为面积20m²、坡长11.03m、坡度25°的长方形。10个标准小区具有相同的坡向(向阳)和坡位(丘陵中上部),每个小区面积为2m×10m,其中E、F号小区分别修成石坎、土坎梯田,每个小区设5个坎,田面宽2.0m,坎高0.93m。

每个坡地出水口建容积是为1.5m×1.5m×1.5m的观测水池,池壁上装有刻度标尺,降雨事件后记录各小区产生的径流量。坡面径流场共设小区一组14个,其中标准小区一组10个,坡度小区4个。坡度小区分别是5°坡地农作物、8°坡地农作物、15°坡地农作物和20°坡地农作物。标准小区和坡度小区投影面积均为20m²,四周采用止水墙防止外来客水进入,下方修建集水池。收集每场降水产生的径流、泥沙量。降雨后记录各小区产生的径流量,并采集浑水样本,经充分烘干后称重计算土壤流失量。这十个试验小区布设情况为:E石坎梯种粮、F土坎梯种柑、G土坎篱种柑、H坡篱种粮、I坡篱种茶、J坡篱种柑、K坡地种粮、L坡地种茶、M坡地种柑、N荒坡地。其中,E、F、G三个试验小区分别用石头和土堆砌而成的五阶阶梯;J,K,L,M,N五个试验小区都是坡度相同的试验区,本试验种植的植物篱是紫穗槐。试验小区的外缘都用石灰堆砌,防止客水的进入(图8-5)。

图8-5 不同坡度和农业利用类型的水土流失检测区(侯林春 制,2015)

坡面径流常规观测内容分为四个方面:一是小区径流泥沙;二是农作物、经济林、植物篱逐年生长状况、投入产出效益;三是土壤水分变化过程观测试验;四是植物篱+经济林防护林模式防治坡耕地水土流失及其效益对比试验研究。小区农作物管理与当地农事耕作习惯安排相同,经济林、植物篱种植管理与当地习性保持一致。

4. 植物篱对农业的影响

植物篱为无间断式或接近连续的狭窄带状植物群,由木本植物或一些茎干坚挺、直立的草本植物组成。常见的植物篱主要有紫穗槐、银合欢、木槿、黄荆和黄花菜(经济植物篱)等。植物篱具有一定的密集度,在地面或接近地面处是密闭的。

1)秭归地区主要植物篱(图8-6)

(1)新银合欢:灌木或小乔木,高2~6m,耐修剪,萌生能力强,主根深,有很强的固氮能力,

图 8-6 秭归地区常用梯田植物篱

嫩枝叶养分含量高,可作绿肥和饲料,耐旱、喜阳,要求最低月温度大于10℃。新银合欢在三峡库区秭归县、四川省宁南县推广面积较大,分别为 600hm^2 和 2000hm^2。

(2)紫穗槐:落叶丛生灌木,高 1～4m,枝条直伸,青灰色。喜欢干冷气候,在年均气温10～16℃、年降水量 500～700mm 的华北地区生长最好。其耐寒、耐干旱能力强,能在年降水量 200mm 左右地区生长,也具有一定的耐淹能力。紫穗槐抗风力强,生长快,生长期长,枝叶繁密,是防风林带紧密种植结构的首选树种。同时,紫穗槐郁闭度高,截留雨量能力大,萌蘖性强,生长快,不易生病虫害,具有根瘤,改土效果明显,也是保持水土的优良植物。

(3)黄荆:直立灌木,植株高 1～3m。小枝四棱形,叶柄长 2～5.5cm;掌状复叶小叶片长圆状披针形至披针形,基部楔形,全缘或有少数粗锯齿,先端渐尖,表面绿色,背面密生灰白色绒毛,中间小叶长 4～13cm,宽 1～4cm,两侧小叶渐小,若为 5 小叶时,中间 3 片小叶有柄,最外侧 2 枚无柄或近无柄,侧脉 9～20 对。聚伞花序排列成圆锥花序式顶生,长 10～27cm;花萼钟状,先端 5 齿裂;花冠淡紫色,外有微柔毛,先端 5 裂,二唇形;雄蕊伸于花冠管外;子房近无毛。核果褐色,近球形,径约 2mm,等于或稍短于宿萼。花期 4 月至 6 月,果期 7 月至 10 月。

2)植物篱的作用

植物篱是一种传统的水土保持措施,具有分散地表径流、降低流速、增加入渗和拦截泥沙等多种功能,生态效益、经济效益均显著。对于水土流失严重的山丘区来讲,植物篱不仅可以控制水土流失,而且可以增加产品产量,围栏养畜,美化环境,一举多得。许多地方成功的实践也证明,植物篱是山丘区发展多种经营、脱贫致富奔小康的有效途径。

3)植物篱对农作物土壤水分和实验小区坡度的影响

(1)植物篱对农作物土壤水分的影响。水分是植物生长的重要条件,土壤是植物所需水分的主要供给者,土壤水分的变化是衡量植物篱对农作物生长影响的重要指标。坡耕地采用植物篱技术(生长3年后)种粮、茶树和柑橘(H、I、J号小区),与坡地无植物篱(K、L、M号小区)相比,地表土壤含水量高5.28%、7.48%、5.24%,与裸露坡地(N号小区)相比土壤含水量分别增加10.69%、13.54%、7.40%;土坎篱种柑橘(G号小区)与土坎梯地种柑橘(F号小区)相比土壤含水量增加3.05%。

(2)植物篱对实验小区坡度的影响。植物篱同时可以分割坡长,阻止土壤侵蚀的发生、发展,从而达到提高土壤含水量的效果。不同措施小区3年后的坡度情况,坡地采用植物篱技术种粮、茶树和柑橘(H、I、J号小区),与无植物篱(K、L、M号小区)相比地面坡度分别减少15.76%、6.03%、10.56%,与裸露坡地(N号小区)相比坡度分别减少12.56%、6.56%、12.96%;土坎梯地种柑橘(F)与土坎篱种柑橘(G)相比坡度增加了3.2°。由此可见,采用植物篱措施后,坡度减缓,有利于土壤涵养水分。

植物篱生长高度和冠幅,通过平茬修剪控制后,不会与农作物生长争光、争水、争肥,影响农作物的生长。总之,坡耕地采取植物篱措施后,能有效地利用雨水资源,最大限度地防止土壤侵蚀,提高土壤下渗水分能力和保蓄水分能力,促进作物的正常生长。

5. 降水对平均径流量和平均土壤侵蚀量的影响

降雨后记录各小区产生的径流量(根据蓄水池中径流体积计算),并采集浑水样本1L,经充分烘干后称重计算土壤流失量。在流域内布设自记雨量计记录试验期间的降雨量,从2005年5月至2006年5月,共观测到有明显产流的降雨8场。不同保护性耕作措施下产生的地表径流量和土壤侵蚀量均有明显差别,试验期间降雨中平均径流量和平均土壤侵蚀量,无论是径流量还是土壤侵蚀量都是土坎梯田柑橘(F号小区)最高,分别达 $0.60m^3$ 和 $0.23kg/m^2$,而最小径流量和最小土壤侵蚀量则分别属于不同小区,即土坎篱柑橘(G号小区)径流量最低($0.37m^3$),坡地玉米(K号小区)土壤侵蚀量最低($0.09kg/m^2$)。由此可见,在不同耕作措施下,无论是径流量还是土壤侵蚀量都存在着较大的差别,其最大值分别是最小值的1.6和2.6倍。

植被覆盖度是影响土壤侵蚀的关键因素。在土坎梯田柑橘小区中,树间距较大,为了使柑橘能够很好地利用肥料,不采取套种方式,仅定期对树下杂草进行清除,因此导致柑橘树下均为裸露土壤,在降雨作用下土壤侵蚀量较大。但在土坎篱柑橘小区中,不仅套种作物发达的根系很好地起到了保持水土的作用,而且其叶面拦截降雨也有效地降低了雨滴到达地面的动能,减小了因雨滴击溅而产生的土壤侵蚀。

6. 张家冲径流测试

小流域控制站量水堰(指设在渠道、水槽中用以量测水流流量的溢流堰)修建于流域出口翁桥沟段(图8-7)。量水堰测流过水断面呈矩形,设大小2个测流断面,且大小测流断面相重合,大断面宽3.7m,小断面设为矩形宽顶堰中心,过水断面宽0.5m,用于平、枯水期观测水面、流量和泥沙。观测采用仪器自动记录和人工观测相结合的方法进行,并以人工观测数据校核自动仪器观测数据,观测时段设置为8:00、20:00,行洪期加密人工观测次数。量水堰配备了光电数字水位计、1/1000电子天平、直读式流速仪等仪器设备。

图 8-7 张家冲径流测试的量水堰(侯林春 摄,2016)

第四节 物流产业园与港口规划

路线 基地→三峡翻坝物流产业园→基地。

任务

(1)港口腹地与区域经济。

(2)移民搬迁与安置调查。

(3)码头与物流产业园建设条件。

(4)绘制产业园与码头建设规划图。

点位 茅坪镇银杏坨村。

GPS $110°56'55.80''E,30°51'40.65''N;H=218m$。

点义 坝物流产业园与港口建设的条件。

知识链接

1. 港口与腹地

港口是指具有一定设施和条件,供船舶在各种气候下安全进出、停泊以及进行旅客上下、生活资料供应、货物装卸与必要的编配加工等作业的场所,它由一定范围内的水域、陆域所构成。

港口腹地也称港口经济腹地,指的是港口集散旅客、货物所及的范围。

港口按地理位置、性质与用途、港口规模等可有不同的分类(表 8-2)。

表 8-2 港口的分类

分类标准	港口类型
按地理位置划分	海港、河港、湖港及水库港等
按性质用途划分	商业港、工业港、军港、渔港、避风港等
按港口规模划分	特大型港口(年吞吐量大于 3000 万 t)、大型港口(1000~3000 万 t)、中型港口(100~1000 万 t)及小型港口(小于 100 万 t)

2. 港口选址的要求

1) 港口选址的要求

(1) 港址选择必须符合国家港口布局的要求,并和城市规划、交通规划、港口未来生产及发展相匹配。

(2) 港口的性质和规模应根据腹地经济、客货流量及集疏条件确定。

(3) 一个好的港址既要适应当前的需要,又必须着眼于未来。

2) 港口的自然条件要求

(1) 港口水域宜选在有天然掩护,浪、流作用小,泥沙运动较弱的地区;应有足够的水域和陆域面积;对抗震相对有利的地段。

(2) 选址应根据港口性质、规模及船型,按照"深水深用"的原则,合理利用海岸资源,适当留有发展余地,并应进行多方案比选。

(3) 港口应有足够的岸线布置不同的作业区域,对危险品和污染严重的货种,应设立专门区域并与其他区域保持足够的距离。

(4) 随着技术进步、装卸效率提高和船舶吨位增大,对大量岸上土地的需要越来越迫切,因而港区纵深越来越大,否则将会限制港口效率的发挥。

3) 城市对港口的要求

(1) 港址选择要不影响城市的发展,现代港口中的大多数港区均采用远离城区的布置方案,甚至原有的老港区也主动搬出城区,寻求新的更大的发展空间。

(2) 港址选择要考虑吸引工业区等的建立,使港口更多地为促进城市和区域经济发展创造机会和条件。

(3) 新港址应与原有港址相协调,并有利于原港区改造,使之适应新的需要。新港址应有利于发挥新老港区的综合功能,使老港区在原港口的基础上,经过调整、改造发挥更大的作用。

(4) 新老改建、扩建时,应妥善处理同一地区新港和老港之间的关系,以及综合性港区与各种专业性港区或码头之间的关系;应充分利用原有设施,并避免重复建设和互相之间的干扰。

3. 港口建设的区域经济背景

长江是货运量位居全球内河第一的黄金水道,长江通道是我国国土空间开发最重要的东西轴线,在区域发展总体格局中具有重要的战略地位。长江经济带是联系海上丝绸之路和丝绸之路经济带的重要纽带,是横贯东中西、连接南北方的开放合作走廊(图 8-8)。

1) 长江经济带的战略定位

(1) 具有全球影响力的内河经济带。

(2) 东中西互动合作的协调发展带。

(3) 沿海、沿江、沿边全面推进的对内对外开放带。

(4) 生态文明建设的先行示范带。

2) 长江经济带的综合优势

(1) 交通便捷,长江经济带横贯我国腹心地带,经济腹地广阔,不仅把东、中、西三大地带连接起来,而且还与京沪、京九、京广、皖赣、焦柳等南北铁路干线交会,承东启西,接南济北,通江达海。

(2) 资源优势。首先是具有极其丰沛的淡水资源,其次是拥有储量大、种类多的矿产资源,此外还拥有众多闻名遐迩的旅游资源和丰富的农业生物资源,开发潜力巨大。

图 8-8　港口与翻坝物流园建设的区域经济背景(余晶 绘,2015)

(3)产业优势。这里历来就是我国最重要的工业走廊之一,我国钢铁、汽车、电子、石化等现代工业的精华大部分汇集于此,集中了一大批高耗能、大运量、高科技的工业行业和特大型企业。此外,大农业的基础地位也居全国首位,沿江九省市的粮棉油产量占全国 40% 以上。

(4)人力资源优势。长江流域是中华民族的文化摇篮之一,人才荟萃,科教事业发达,技术与管理先进。

(5)城市密集,市场广阔。1995 年沿江九省市拥有大小城市 216 个,占全国城市数量的 33.8%,城市密度为全国平均密度的 2.16 倍,人口密集,居民收入水平相对较高,各种消费需求也十分可观,对于国内外投资者有很强的吸引力。

4. 物流园区的概念与功能

(1)物流园区也称为物流基地,是物流中心在地理位置上的集中所形成的具有某一种或多种特定业务功能的区域,是各种物流设施和物流企业在空间上集中布局的场所,是物流系统中的重要节点,是提供物流服务的重要场所。

(2)物流园区的功能包括 8 个功能:综合功能、集约功能、信息交易功能、集中仓储功能、配送加工功能、多式联运功能、辅助服务功能、停车场功能。其中,综合功能的内容为:具有综合各种物流方式和物流形态的作用,可以全面处理储存、包装、装卸、流通加工、配送等作业方式以及不同作业方式之间的相互转换。

No.01　港口选址与规划

任务

(1)港口建设条件观察。

(2)观察顺岸式河港、挖入式河港和码头型式,了解其优缺点。

(3)调查港区的货运车辆,了解货物的始发地与目的地。

(4)滚装码头港口的建设对区域经济的影响。

点位 秭归港滚装码头(茅坪港)(图 8-9)。
GPS 110°57′35.91″E,30°51′42.17″N;$H=201$m。
点义 港口的建设条件观察点。

图 8-9 正在运行的秭归滚装码头(侯林春 摄,2015)

描述

1. 河港的分类(根据港口修建形式)

(1)顺岸式河港:码头岸线沿河布置,靠船构筑物采用壁岸、特殊的水工结构形式或浮码头,停泊区位于河道中。这种码头形式简单,工程量小,但占用河岸较长,作业区分散,经营管理不便。

(2)挖入式河港:利用天然河汊或向河岸的陆地内侧开挖出码头和港池,停泊区布置在独立的港池内。它的特点是可在较短的河岸内获得需要的码头岸线长度,港区布置紧凑,分区管理,但工程量较大,出入口处船舶进出较不便,易于淤积。一般适合于水位变化小,淤积少的河道上。

2. 码头型式分类

码头型式可分为直立式货运码头、斜坡式码头(包括货运码头、客运码头和以客运为主的客货码头)、半直立式和半斜坡式(表 8-3)。

表 8-3 码头型式及其适用情况表

码头型式		码头面至设计水位高差及岸坡状况	常见形式
直立式货运码头		12m 以下且岸坡较陡	高桩框架、高桩墩式
斜坡式	货运码头	大于 15m 或小于 15m 而坡岸平缓	斜坡码头、浮码头
	客运码头	大于 5m	
	客运为主的客货码头		
半直立式		高水位持续时间长、低水位持续时间短	
半斜坡式		在 12~15m 之间,洪水涨落快、水位历时 70%~90%是中枯水期	

3. 港口的选址条件

(1) 广阔的经济腹地。

(2) 与腹地之间有比较方便的交通运输联系。

(3) 与城市发展相协调。

(4) 有发展余地。

(5) 满足船舶停靠条件。

(6) 有足够的岸线长度与陆域面积(仓储)。

(7) 能满足船舶调动的迅速性。

(8) 对附近水域的生态环境与陆域的自然景观尽量减少影响。

(9) 尽量利用荒地、劣地。不占用良田,避免大量搬迁。

(10) 水库港选址需要注意选在避风条件较好,不受泄洪影响的区域,不应选在水库近坝及水库末端的回水变动区易于淤积的地方。

4. 不同运输方式的利弊

(1) 飞机运输:轻便、快捷但成本大,不能运输大量的货物。适于贵重且轻的货物运输。

(2) 轮船运输:运载量大,成本较低,但必需依托河流,且时间很长,适于运输大型货物。

(3) 火车运输:装载量大,成本较轮船稍贵,时间比轮船快,但只能在沿线上来回,比较受限制。

(4) 汽车运输:方便,时间与火车运输相当,可以实现点对点的运输,且比火车、轮船运输都方便,可以送货上门。

No.02 翻坝物流产业园

任务 了解临港型的物流产业园及其土地利用类型。

点位 S68 高速公路规范港口区。

GPS $110°56'52.63''E, 30°51'05.38''N; H=204m$。

点义 翻坝产业物流园建设观察点。

描述

1. 三峡翻坝物流园概况

三峡翻坝物流产业园位于秭归县茅坪镇银杏坨村,地处三峡翻坝高速公路与长江的交汇处,规划用地 $3km^2$,项目总投资 80 亿元。该项目建成后将成为三峡地区"呼应汉渝"的重要翻坝物流基地、航运中转枢纽、港口服务中心和临港工业先导区,可创年利税 10 亿元,安置移民 5000 多人。

该园区功能布局为交通物流区、商贸物流区和临港工业区。交通物流区占地 1200 亩,包括物流集散中心、露天货场、仓储、冷藏(冻)和港口码头、货车滚装码头、商品车滚装码头及信息中心、货运中心、综合服务区,总投资 21.5 亿元;商贸物流区占地 600 亩,包括农产品交易中心、中药材交易中心、工业品展销中心、星级宾馆等综合配套服务中心,总投资 15 亿元;临港工业中区占地 3000 亩,总投资 25 亿元(图 8-10、表 8-4)。项目建设周期 5.5 年,项目建成投产后,可年创营业收入 2 亿元,年创税金 6000 万元,年创利润 8000 万元,安置就业人员 3000 人。

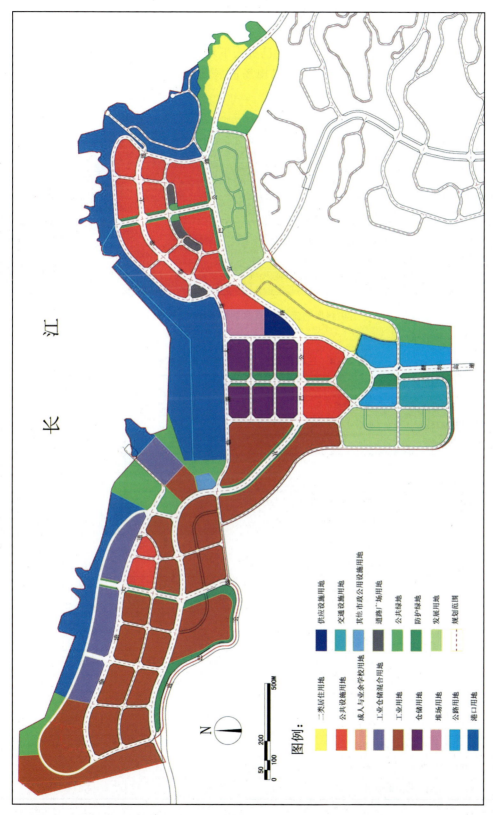

图8-10 三峡翻坝物流园土地利用规划图（上海同设建筑设计院有限公司，2009）

该项目于2010年9月开工建设,累计完成投资5.6亿元,场平工程已基本结束(图8-11),完成土石方挖运1319.0万 m³,开发土地1772亩(图8-11)。滚装码头和杂件码头的引桥桩基部分已经完成,部分正在进行施工,现已进入下坡道和护岸施工;园区安置房银杏花园一期已交付使用,二期已开始施工。各施工现场进展顺利,整个工程正在有条不紊地协调发展。

图8-11 三峡翻坝物流产业园的平整土地(侯林春 摄,2015)

表8-4 三峡翻坝物流园土地利用汇总表

用地性质(代码)		用地面积(hm²)		占建设用地比例(%)	
大类	中类	大类	中类	大类	中类
居住用地(R)	二类居住用地(R2)	23.31	23.31	7.16	
公共设施用地(C)		34.90	34.90	10.71	
工业用地(M)		73.04	73.04	22.42	
工业仓储混合用地(MW)		13.57	13.57	4.17	
仓储用地(W)	普通仓库用地(W1)	13.94	11.18	4.28	3.43
	堆场用地(W3)		2.76		0.85
市政公用设施用地(U)	供应设施用地(U1)	5.84	1.55	1.79	0.48
	交通设施用地(U2)		3.48		1.07
	其他市政公用设施用地(U9)		0.81		0.24
对外交通用地(T)	公路用地(T2)	67.68	7.73	20.78	2.37
	港口用地(T3)		59.95		18.41
道路广场用地(S)	道路用地(S1)	63.32	61.70	19.44	18.94
	广场用地(S2)		1.62		0.50
绿地(G)	公共绿地(G1)	30.14	18.84	9.25	5.78
	防护绿地(G2)		11.30		3.47
规划区建设用地面积		325.74		100	
水域和其他用地(E)		24.01	24.01		
规划区总用地面积		349.75			

2. 三峡翻坝物流园区发展优势

1）港口与区位优势

秭归港处于山地自然形成的河湾内,三峡库区蓄水后物流产业园区水流平缓,受风影响较小,是理想的港湾,可同时停泊千吨级以上船舶 1000 艘。秭归港作为三峡库区的重要港口,既是向上游库区的始发港,又是库区下行的终点港,已成为川东、渝东、鄂西的交通咽喉。

2）交通区位优势

三峡库区蓄水以来,长江航道条件大为改善,船舶成为水上运输的主要方式,对降低运输成本、提高物流效益发挥了重要作用。三峡翻坝高速公路的建设解决了秭归水上运输的阻塞,确立了秭归作为三峡地区翻坝转运中心的地位。园区规划建设于秭归沿江岸线资源丰富的地区,三峡翻坝高速公路从园区外围通过,具有得天独厚和便捷的水陆运输优势,具有快速发展的良好条件。

3）地域空间优势

园区紧邻秭归城区,位于城市上游,临长江黄金水道,与城市中心区既有联系,也有山体的分割,是相对独立的片区,即可充分利用城区的基础设施,又不影响城区的生活环境。目前除正在建设的三峡翻坝高速公路和 334 省道从在园区外围通过外,还有正在建设秭归三峡物流滚装码头,城市供水、供电、通讯设施也已延伸到园区内。依托现有的港口基础设施进行扩建改造,投资少、见效快,符合环保和节能要求,适宜发展现代物流等产业。

第五节 工业园区的建设与规划

路线 基地→九里工业园→基地。

任务

（1）工业园区产业发展现状调查。

（2）工业园区土地利用现状调查。

（3）绘制园区土地利用现状图。

（4）了解工业园区规划与管理。

点位 九里工业区百丽公司门前。

GPS $110°58'26.81''E, 30°47'47.53''N; H=129m$。

点义 工业园区的土地利用与经济现状。

知识链接

1. 工业园区基础设施建设

开发区、工业园区的基础设施一般包括道路、供水、供电、排水、通讯、排污、网络、地块自然平,通俗称"七通一平"。如果企业入驻园区需要政府部门提供优惠政策,一般是以两通一围为主:一是路通,厂区主道路铺上水泥或柏油路面;二是电通,安装变压器是必须的,根据企业大小、用电量的负荷来确定变压器的千瓦;三是院围,主要是由大门、院墙或花栏墙围网组成,来确定企业使用面积和厂房建筑面积。以后按面积收取耕地占用税。排水、通讯、网络都是随电通而辅助的硬件。

2. 工业园区土地利用类型

工业园区建设用地一共分为8大类。

居住用地：住宅和相应服务设施的用地。

公共管理与公共服务用地：行政、文化、教育、体育、卫生等机构和设施的用地，不包括居住用地中的服务设施用地。

商业服务业设施用地：商业、商务、娱乐康体等设施用地，不包括居住用地中的服务设施用地。

工业用地：工矿企业的生产车间、库房及其附属设施等用地，包括专用的铁路、码头和道路等用地，不包括露天矿用地。

物流仓储用地：物资储备、中转、配送等用地，包括附属道路、停车场以及货运公司车队的占场等用地。

交通设施用地：城市用地、交通设施等用地，不包括居住用地、工业用地等内部道路、停车场等用地。

公共设施用地：供应、环境、安全等设施用地。

绿地与广场用地：公园绿地、防护绿地、广场等公共开放空间用地。

3. 高新技术园区与工业园区的区别

高新技术园区是高新技术产业的一种空间实体，它在空间上一般由五个方面构成：产品制造、研究与开发、高等教育、生活居住以及城市服务。城市工业园区往往以工业企业用地为主，辅以必要的服务设施和绿化用地等。高新技术园区除了生产企业用地外，研究和开发以及教育用地占有相当大的比例，有时甚至超出生产企业用地。

描述

1. 秭归经济开发区概况

湖北省秭归经济开发区紧邻三峡大坝，是三峡工程坝上库首第一个省级开发区。1992年5月经县人民政府批准成立。同年5月，经宜昌市人民政府批准为市级开发区。1995年12月，经省开发区管理办公室批准为省管开发区。2006年4月通过国家发改委审核验收，并升格为省级开发区。

为科学指导开发区建设，开发区先后编制了《湖北秭归经济开发区总体规划2007—2020》《湖北秭归经济开发区控制性详细规划》《秭归移民生态工业园建设规划2009—2020》和《秭归三峡翻坝物流园建设规划2009—2020》。开发区规划面积600hm^2，划分为九里工业区、西楚工业区、港口物流区三个功能板块，优势主导产业为食品加工、光电制造、纺织服装，未来将发展成为三峡地区重要的农副产品深加工基地、高新技术产品生产基地、长江流域港口物流的重要节点。

开发区临江靠坝，区位独特，交通便捷。开发区成立以来，按照"高标准规划，高质量建设，高水平管理"的建设思路，累计投入20多亿元，用于区内基础设施建设，形成了功能完备、配套齐全的保障体系。特别是近几年来，秭归县委、政府高度重视开发区发展，进一步加大了开发区基础设施建设的投入力度，开发区整体承载能力和产业孵化功能得到了进一步提高。区内有行政服务中心、保护外来投资者合法权益督察中心和经济发展环境投诉中心，采取"一站式"办公和"一条龙"服务体系，为企业和投资者提供便捷、高效、优质的服务。

建区24年来，开发区积极抢抓三峡工程建设机遇、扶贫及对口支援机遇、承接发达地区产业转移机遇,按照"项目立区、产业强区、物流兴区、机制活区"的发展战略,充分发挥对外开放的领先优势,以结构调整为主线,以招商引资为主抓手,大打巧打"三峡牌",先后引进了江苏维维集团、AB集团、雨润集团、浙江洛兹集团、广东百丽集团、康辉集团、湖北宜化集团、稻花香集团等国内知名企业和英国康维、意大利托索等外资公司落户。现有规模以上工业企业70家,高新技术企业8家,外商投资企业13家(图8-12)。2014年,全区实现国内生产总值34.51亿元,规模工业总产值106.49亿元,税收总额4.77亿元,完成固定资产投资33.01亿元,其中基础设施建设投资9.25亿元。秭归经济开发区已经成为秭归改革开放的实验区、秭归新型工业的示范区、秭归经济发展的高速增长区。

2. 九里工业园介绍

秭归移民生态工业园区的九里片区位于秭归城区南部,茅坪河两岸,南北长约4km,东西宽约为2km,园区用地大多为丘陵。秭归九里工业园位于秭归县茅坪镇九里乡,紧靠三峡副坝,离三峡坝区2km,规划面积483.28hm^2(图8-13)。产业主要布置纺织服装加工、光电子、食品加工、现代中药及生物医药、新型建材和印刷包装等。园区自1992年5月建设以来,已开发建设工业用地280hm^2。入驻规模企业65家,高新技术企业5家,外商投资企业13家。2014年,园区实现生产总值34.49亿元。

现工业园区尚有150hm^{2}工业用地可供工业项目落户建设。根据开发区产业发展规划,九里工业园区拟在老园区的基础上进一步拓展5000亩发展空间,将在今年年底完成一期1000亩土地的场平。拓展区已有生产液晶屏和汽车部件的两家企业进驻,占地300亩,现已开始建设厂房。

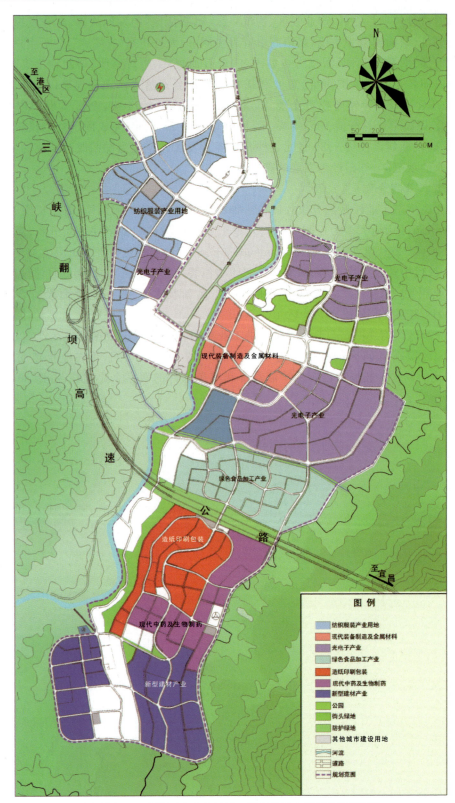

图8-12 秭归县九里工业园区产业布局图（湖北省城市规划设计研究院，2009）

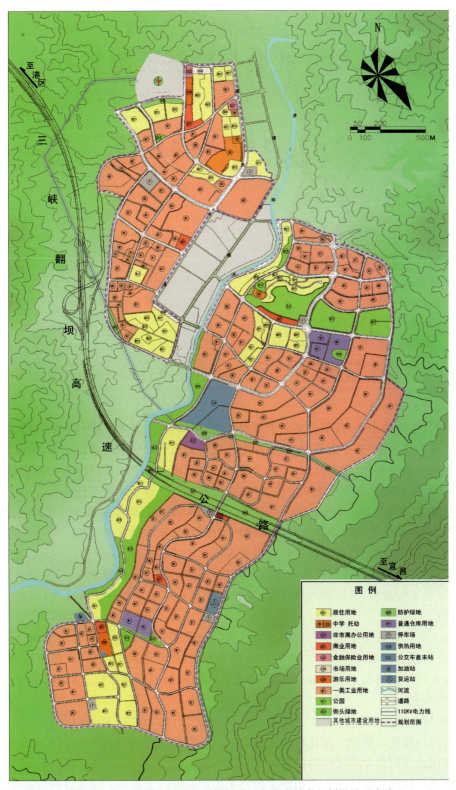

图8-13 秭归县九里工业园区用地布局规划图(湖北省城市规划设计研究院,2009)

第九章 社会与经济资源实习

第一节 多部门企业区位选择

路线 基地→百丽公司→基地。
任务
(1) 参观百丽公司生产车间。
(2) 了解百丽企业集团在我国的分布。
(3) 探究企业布局与地理环境的关系。
(4) 了解企业扩张的原因。
点位 九里工业园的百丽公司。
GPS $110°58'32.13''E, 30°47'46.66''N; H=122m$。
点义 多部门企业区位选择与企业文化。
知识链接

1. 企业增长的动因

企业增长的原因很多,其中主要由于规模经济、内部交易、技术优势和竞争激励。

(1) 实现规模经济:在一定范围内,企业生产规模的扩大而带来的效益增加,即规模经济。

(2) 实现交易内部化,发展范围经济:范围经济是指由于企业经济范围扩大而获得的效率。实现内部交易的战略意义表现为减少市场风险,提高供应和市场的确定性。

(3) 技术优势的发挥:一般来说,由于市场不完善,技术的价值很难在市场交易中充分实现。具有某种技术优势的企业在企业内发挥技术优势,来获取较大的收益。另一方面,进一步的技术开发需要大量投资,这种投资必须有大规模生产才能支持。

(4) 来自竞争的压力:从积极的方面看,发展企业实力和增加市场地位,可为企业带来竞争优势和行业的支配地位;从防御的角度看,发展是使企业不被竞争对手所击败,从而生存下去的有效手段。

此外,企业扩张还与管理者和企业行为有关。企业扩张可为管理者带来成功感。大的公司规模使公司具有较强实力(势力)和讨价还价的力量,并易于从多方面(股票市场、金融机构等)获取资本以继续增长。为了减少风险,企业也向多种经营领域扩张。此外,政府支持也促进了公司的增长。

2. 企业增长的战略与方法

(1) 横向一体化。横向一体化指企业现有生产活动的扩张并由此导致现有产品市场份额的扩大,实现企业同类生产规模的扩大,实现规模经济。

(2) 纵向一体化。纵向一体化指企业向原来生产活动的上游和下游生产阶段扩张。因此,纵向一体化包括后向一体化和前向一体化。后向一体化指企业介入原供应商的生产活动;前向一体化指企业控制其原属客户公司的生产经营活动。

（3）多样化。多样化扩张指涉及相关或不相关产品生产活动。多样化扩张是基于对市场风险和环境的不确定因素的防范意识。

3.企业空间扩展的规律

企业空间扩展方式包括接触扩散、等级扩散、通道扩张（包括关系通道、体制通道、生产通道、距离通道）。

描述：

1.秭归百丽鞋业有限责任公司介绍

湖北秭归百丽鞋业有限责任公司位于秭归县九里工业园区内，是集研发、生产、批发、零售、服务为一体的中国鞋业龙头企业。2007年11月，百丽集团收购森达旗下所有鞋类品牌及其生产基地，原森达三峡公司经重组后，并于2008年5月8日，注资3100万人民币在秭归成立湖北秭归百丽鞋业有限责任公司。该公司隶属于新百丽鞋业（深圳）有限公司，是新百丽鞋业（深圳）有限公司在内地的重要生产基地之一。现有员工2200人，拥有现代化帮面生产流水线80多条，已形成年产皮鞋帮面400万双的生产能力。成立几年来，公司各项主要指标一直保持着40%以上的增长速度。2013年，公司共生产皮鞋帮面360万对，实现产值2.8亿元，上缴税收1300多万元。

公司落户秭归以来，不断加大投入对生产生活设施进行持续改造，2011年，投资2000万元兴建了配套设施完善的职工公寓综合楼，彻底改善了员工的住宿、进餐、娱乐环境。公司始终秉承"以人为本，以质为先"的经营理念，坚持集约发展，高效用地，注重环保的生态发展理念。计划用5年时间把秭归百丽发展成一个拥有员工6000人，年产皮鞋1000万双，年创产值8亿元，年创利税4000万元，环境优美、管理科学的现代化制鞋企业，使之成为集团实施产业转移战略中在内地的一个重要支点。

图9-1 秭归百丽鞋业有限责任公司（侯林春，2015）

百丽一直秉承着"以人为本,以质为先,团结奋进,追求卓越"的经营理念,并一直坚信着:"勤奋换得成功,科学争得领先,合作赢得辉煌"这一不变的真理。百丽人"用脑做事,用心做人"的态度让其在鞋类的企业中不断领先并创得佳绩。以"高起点规划、高标准建设、市场化运作、高效率管理、高速度发展"为建设规划指导思想,坚持科学发展观,进驻项目应符合国家产业政策,具有相对先进的技术水平及装备。坚持集约发展,科学利用土地。注重环境保护,保持良好的生态环境,加强环境绿化、美化、建成"生态型"工业园区。

2. 总公司介绍

新百丽鞋业(深圳)有限公司是百丽国际控股有限公司在大陆投资兴建的香港独资企业,是以真皮女鞋 BELLE(百丽)品牌为龙头,集 Teenmix(天美意)、STACCATO(思加图)、TATA(他她)、Jipijapa、Joy & Peace(真美诗)、FATO(伐拓)等系列优势品牌的研发、生产、批发、零售、服务为一体的中国鞋业龙头企业和中国最大的鞋类零售企业。

公司生产总部位于广东深圳市龙华新区大浪街道,共拥有分别位于东莞虎门、湖北秭归、安徽宿州、贵州铜仁等8个生产基地,共计占地面积约为 1 000 000 m^2,生产系统生产员工近 35 000 人,年生产皮鞋近 4000 万双。销售系统现有员工约 7 万人,拥有中国最大自营连锁销售网络,覆盖中国约 300 个城市,终端店铺近 18 000 多个。

3. 新百丽鞋业(深圳)有限公司在我国其中7个制造基地的分布

(1)百丽国际(深圳)(1991 正式注册、1992 投产,2007 年上市)。

(2)新百丽鞋业(深圳)有限公司(2007)。

(3)东莞虎门镇(2005)。

(4)江苏建湖县(2007)。

(5)湖北秭归县(2008 年注册,2007 年入驻)。

(6)安徽宿州市(2009 入驻)。

(7)贵州铜仁市(2012 入驻)。

图 9-2 秭归百丽鞋业有限责任公司生产车间(侯林春,2015)

4. 百丽企业选址秭归的原因

1）区位

区位决定企业的市场与生产成本。秭归是三峡坝上库首第一县，长江"黄金水道"横贯县境64km，自古以来就是长江上游的交通咽喉。县城距三峡国际机场50km，距宜昌火车站40km，交通便利。

2）园区的政策配套、产业分配、后期发展的服务配套

(1)工业园区鼓励企业集约用地，所以在用地政策上会有优惠。企业获得工业用地使用权并全额缴纳土地价款后，县政府根据投资强度给予扶持，项目投资强度低于100万元/亩的，企业出10万元/亩，最高不超过10亩；投资强度100万元/亩至200万元/亩的，为8万元/亩；投资强度200万元/亩至300万元/亩的，为6万元/亩；投资强度在300万元/亩以上的，为5万元/亩（矿山采选和水电企业除外），差额部分由县财政奖补。允许投资者采取租赁国有和集体建设用地方式办理土地使用手续，每年土地租赁费用为2500元，超过部分由县政府补助。对乡镇、企业、社会团体和个人建盖标准化厂房对外出租的，县财政每平方米补助150元。

(2)在工业园区建厂的企业，上交税收达到一定的水平时，会有奖励。新办农产品加工企业和近工业园区的工业企业，企业所缴纳的税收县级所得部分，3年内50%奖给企业。以上年度为基数，工业企业新增税收县级所得在30万元以上的，按县级所得部分的3%奖励给企业班子成员，奖金最高不超过15万元。

(3)支持企业降低融资成本。对新办工业项目和技改项目（不含矿山采选和水电项目），县财政根据其实际贷款额度给予一次性贴息扶持，设备投资在200万~300万元的，按照银行同期贷款利率给予一年期30%贴息扶持；设备投资在300万元以上的，给予一年期50%贴息扶持。

(4)鼓励企业技术创新和技术改造。对新认定的国家级、省级、市级企业技术中心、一次性分别奖励企业30万元、20万元和10万元。对通过省级鉴定且技术水平达到省内领先或先进的新产品、新技术，且取得知识产权的，每项知识产权每人奖励1万元。对新上马的工业和技改项目，项目投产后，按投资总额的0.5%奖励企业班子成员，奖金最高不超过15万元。

(5)选择园区时，要重视园区发展理念。园区的产品定型到底服务哪一种类型的企业，这种企业类型在你的发展过程中是否能够对接，是否能够带来潜在客户和潜在升值。这都是需要考虑的问题。

第二节　城市景观系统规划

路线　基地→秭归城市规划局→基地。

任务

(1)秭归城市规划的地理环境影响（包括自然地理环境与人文地理环境）。

(2)了解城市性质和城市职能。

(3)了解城市功能区划分和地理环境的关系，了解城市景观系统。

(4)绘制秭归县城市规划功能分区图。

点位　秭归县住房和城乡建设局（茅坪镇平湖大道8号）。

GPS 111°58′30.19″E,30°49′40.42″N；$H=223m$。

点义 了解秭归县城市景观系统。

知识链接

1. 城市

城市也叫城市聚落，城市是"城"与"市"的组合词，"城"主要是为了防卫，并且用城墙等围起来的地域，"市"则是指进行交易的场所。城市是以非农业产业和非农业人口集聚形成的较大居民点，一般包括了住宅区、工业区和商业区并且具备行政管辖功能。

2. 城市性质

城市性质是城市在一定地区、国家以至更大范围内的政治、经济、与社会发展中所处的地位和所担负的主要职能，是城市在国家或地区政治、经济、社会和文化生活中所处的地位、作用及其发展方向。城市性质由城市主要职能所决定。

3. 城市职能

城市职能是指城市在一定地域内的经济、社会发展中所发挥的作用和承担的分工，是城市对城市本身以外的区域在经济、政治、文化等方面所起的作用。但也有一些学者认为城市职能应包括为城市本身服务的活动，即城市中进行的各种生产、服务活动均属于城市职能范畴。

4. 城市景观

城市景观是城市人居环境的重要空间和组成实体，它是由城市居民的生活、工作及休息娱乐等一系列相关的聚居活动共同组成的景观整体。城市景观是指景观功能在人类聚居环境中固有的和所创造的自然景观美，它可使城市具有自然景观艺术，使人们在城市生活中具有舒适感和愉快感。

5. 城市景观要素

城市景观要素包括自然景观要素和人工景观要素。其中自然景观要素主要是指自然风景，如大小山丘、古树名木、石头、河流、湖泊、海洋等。人工景观要素主要有文物古迹、园林绿化、艺术小品、商贸集市、建构筑物、广场等。这些景观要素为创造高质量的城市空间环境提供了大量的素材，但是要形成独具特色的城市景观，必须对各种景观要素进行系统组织，并且结合风水使其形成完整和谐的景观体系，有序的空间形态。

构成城市景观的基本要素包括路、区、边缘、标志、中心点五项。道路、区、边缘、标志和中心点是城市图像的骨架，它们结合在一起构成了城市的景观。在城市规划时，应创造出新的、鲜明的景观，以激起人们对整个城市的想象。

描述

1. 秭归城市性质

以屈原文化为底蕴的坝上库首旅游名城，长江三峡地区重要的物流基地和中转枢纽，宜昌长江城镇聚合带西部的副中心城市。

2. 秭归城市职能

1) 旅游职能

(1) 国家屈原文化旅游名城。屈原文化是秭归旅游业发展最核心的优势，是提高秭归国际知名度、融入三峡国际旅游目的地和鄂西生态文化旅游圈的通行证。

(2) 三峡景区重要的休闲度假基地。屈原故里国际文化旅游区的建设应该立足于文化加环境生态的开发模式，建立起文化旅游与三峡平湖生态环境保护相互促进的机制，建立生态文化休闲旅游度假胜地。

2) 物流职能

以翻坝物流为特色的区域交通枢纽。物流产业园区和翻坝高速形成的区域性枢纽港区,将成为国家扩大三峡枢纽通过能力工程的重要组成部分,可使我国中西部地区运输变得更加经济和便捷。

3) 工业职能

三峡库区重要的生态经济示范基地。工业已成为现阶段秭归经济发展的最主要动力,秭归移民生态工业园依托位居三峡工程坝上库首的区位优势,依城(县城)依港(港口)布局,将优势产业集群化,充分利用本地资源优势,形成特色农产品加工、食品加工、矿产资源开发等资源型产业集群;将传统产业新型化,改造提升服装制鞋业、水泥建材传统工业,扶持产业关联度大、带动效应强、经济效益明显的重大技术改造项目,实现高效率、低能耗和"零污染"。将新型产业规模化,大力培育电子信息、生物医药、新材料等科技含量高的先导产业,不断形成系列化开发体系。以生态工业园为空间载体,生态产业为重点,建成三峡库区重要的生态经济示范基地。

3. 秭归城市景观系统规划(图9-3)

(1) 城市景观特色:秭归因江而兴、靠山而建,因此"山水城市"是总结秭归城市景观的特色不可缺少的内容,自然山水"一核两带,五廊联通"的格局将秭归城市分隔为多个组团,从而形成上至松树坳、下至陈家坝,长达10km的城市景观画卷。

(2) 城市景观总体结构:"江环城,城镶山"——以自然山体、江河、田园风貌为背景,以长江景观带为主轴,以五个生态廊道为分隔,围绕绿心建设山、水、城、坝相互交融的多组团城市,未来形成"一核两带,五廊联通,点轴协同"的景观格局。

(3) 江河景观带:长江景观带是秭归城市景观的重要特征,是展示秭归城市景观的对外窗口。严格控制长江沿线的公路和建设行为,逐步拆除影响景观的建筑;严格保护长江沿岸现有自然山体尤其是临江山体,对已遭破坏山体尽快进行绿化恢复工程。新建行为应严格保护自然岸线,除必要的港口设施和市政设施外,其他建设活动应留出30m以上自然岸线;合理配置岸线资源,尽量减少生产岸线;生活岸线注重不同断面的设计,增加亲水空间。控制长江沿岸紫竹林至凤凰山段滨江的建筑界面,保护长江右岸的自然山体。紫竹林至凤凰山的城市轮廓线控制应以凤凰山、金缸城等主要观景点的视觉效果为依据进行设计和控制。

重视沿江重要景观节点的塑造,保护现有的三峡大坝、凤凰山、木鱼岛、江滩、游客码头等沿江重要景观节点。在银杏沱物流园和松树坳生态廊道、银杏沱生态廊道的建设中,增加重要景观节点。

(4) 山体景观带:将山体划分为城外山体、城内山体。规划将西部自然山体定义为城外山体,实施生态环境保护。规划强调对西部自然山体的保护,将其作为城市景观与生态的重要背景。规划将夔龙山、凤凰山等定义为城内山体。城内山体的保护应着重体现自然山体和城市公共空间的结合,避免将山体围合在建筑群中,通过设置局部山脚绿地,将山体向城市敞开,保护山体的原有植被,山体周边进行开发时应保持原有地形特征。中心城区内3个社区应尤其注意山体与城市空间的结合,包括西楚社区、滨湖社区、橘颂社区以及由城区通向银杏沱物流园之间的滨江道路。

(5) 绿心与廊道:结合秭归城区中的自然山体,建设秭归景观系统中的生态廊道,包括松树

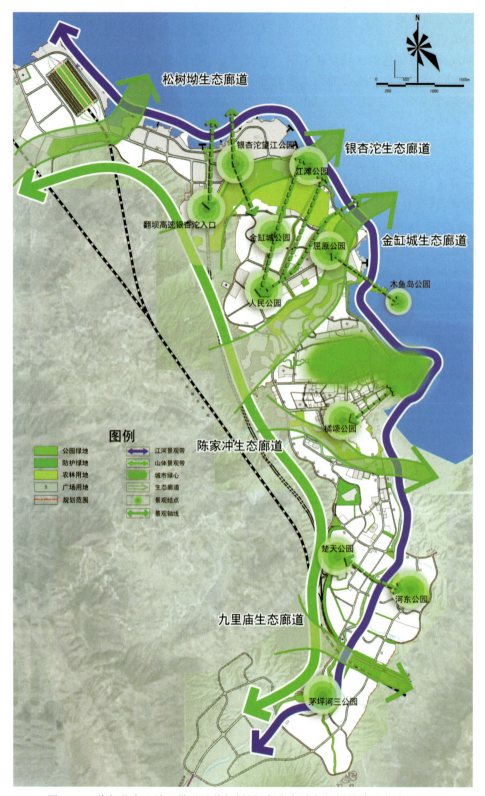

图9-3 秭归县中心城区景观风貌规划图（湖北省城市规划设计研究院，2015）

坳生态廊道、银杏沱生态廊道、金缸城生态廊道、陈家冲生态廊道、九里生态廊道。

规划强调对西部自然山体的保护,将其作为城市景观与生态的重要背景。对自然山体进行严格管理,不得建设工业项目。夔龙山—凤凰山是城市的重要绿心,兼顾市民旅游和生态保育职能,规划建设城市公园。将绿心的打造与秭归城市的建设相结合,联系外围的自然山体,以及长江、茅坪河等水系,形成主城区组团之间、组团与自然山水之间的结构框架。

(6)水系梳理:滨水景观的打造除江河景观带,主要围绕长江与茅坪河展开,建设滨水公园与生态绿地,与山体结合,构成完整的水系廊道。在茅坪河沿岸建设茅坪河三公园,控制茅坪河沿岸用地,重点加强茅坪河公园的建设,形成连续的绿地空间,改造水系周边城市环境,形成城市内部公共活动空间。

主要参考文献

陈孝红,谭春玉,唐作友,等.长江三峡国家地质公园(湖北)概况[J].资源环境与工程,2006,20(3):337-339.

程品运.秭归县旱灾规律及其防御对策初探[J].湖北气象,2002(1):22-24.

方创琳,冯仁国,黄金川.三峡库区不同类型地区高效生态农业发展模式与效益分析[J].自然资源学报,2003,18(20):228-234.

湖北省城市规划设计研究院.秭归县城市总体规划(2012—2030)[R].湖北省城市规划设计研究院,2015.

李小建.经济地理学[M].2版.北京:高等教育出版社,2002.

梁晨,杨洋,王晓春.物流园区规划[M].北京:中国财富出版社,2013.

刘本培,全秋琦.地史学教程[M].3版.北京:地质出版社,1996.

吕宜平,代合治.地理野外实习的教学模式与评价探讨[J].高等理科教育,2006,6(2):79-82.

马传明,周建伟.秭归产学研基地野外实践教学教程——水资源与环境分册[M].武汉:中国地质大学出版社,2014.

毛迪凡,万军伟,覃德富.张家冲小流域的水土流失及防治对策[J].中国水土保持,2010(12):59-61.

彭松柏,张先进,边秋娟,等.秭归产学研基地野外实践教学教程——基础地质分册[M].武汉:中国地质大学出版社,2014.

覃德富.植物篱对坡耕地农作物生长的影响[J].中国水土保持,2009(12):19-20.

汪云.风景区生态旅游开发之探讨——秭归四溪生态旅游区开发规划构想[J].华中建筑,1999,17(4):67-69.

王国爱,李同昇,刘洋,等.峡谷型生态旅游景区开发与规划——以山西省泽州县丹河峡谷景区为例[J].规划师,2010,26(11):37-43.

吴志强,李德华.城市规划原理[M].4版.北京:中国建筑工业出版社,2010.

夏邦栋.普通地质学[M].2版.北京:地质出版社,1995.

徐友宁,何芳,袁汉春,等.中国西北地区矿山环境地质问题调查与评价[M].北京:地质出版社,2006.

张群,彭栋梁.工程旅游的概念辨析与发展意义探索[J].企业家天地,2009(8):154-155.

郑耀星.旅游景区开发与管理[M].北京:旅游教育出版社,2010.